本書の特色と使い方

　この本は，算数の文章問題と図形問題を集中的に学習できる画期的な問題集です。苦手な人も，さらに力をのばしたい人も，1日1単元ずつ学習すれば30日間でマスターできます。

① 例題と「ポイント」で単元の要点をつかむ

　各単元のはじめには，空所をうめて解く例題と，そのために重要なことがら・公式を簡潔にまとめた「ポイント」をのせています。

② 反復トレーニングで確実に力をつける

　数単元ごとに習熟度確認のための「まとめテスト」を設けています。解けない問題があれば，前の単元にもどって復習しましょう。

③ 自分のレベルに合った学習が可能な進級式

　学年とは別の級別構成（12級〜1級）になっています。「進級テスト」で実力を判定し，選んだ級が難しいと感じた人は前の級にもどり，力のある人はどんどん上の級にチャレンジしましょう。

④ 巻末の「解答」で解き方をくわしく解説

　問題を解き終わったら，巻末の「解答」で答え合わせをしましょう。「解き方」で，特に重要なことがらは「チェックポイント」にまとめてあるので，十分に理解しながら学習を進めることができます。

文章題・図形 **3級**

JN124508

本書に関する最新情報は，当社ホームページにある本書の「サポート情報」をご覧ください。（開設していない場合もございます。）

1日 角柱と円柱の体積（1）

次の角柱の体積を求めなさい。

(1)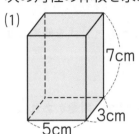

(2)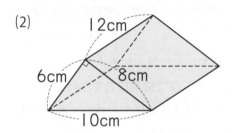

(1) 右の図のように，色のついた面を底面とする四角柱として考えることができ，体積は，底面積×高さ で求めることができます。底面積は，$3×$ ①[　　] $=$ ②[　　] (cm^2) なので，

体積は，②[　　] $×7=$ ③[　　] (cm^3)

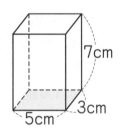

(2) 右の図のように，色のついた面を底面とする三角柱なので，底面積は，

$6×$ ④[　　] $÷2=$ ⑤[　　] (cm^2)

体積は，⑤[　　] $×12=$ ⑥[　　] (cm^3)

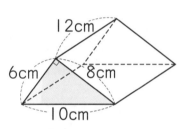

ポイント　角柱の体積＝底面積×高さ

1 次の角柱の体積を求めなさい。

(1)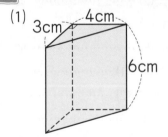

(2)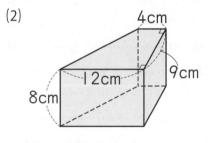

[　　　　　　]　　[　　　　　　]

2 次の角柱の体積を求めなさい。

(1)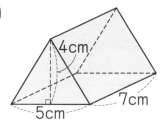

(2)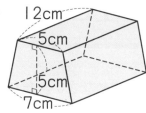

 3 次の問いに答えなさい。

(1) 底面積が 15cm^2，体積が 180cm^3 の四角柱の高さは何 cm になりますか。

(2) 体積が 360cm^3 の三角柱があります。底面の三角形の高さは 16cm，三角柱の高さは 9cm です。底面の三角形の底辺の長さを求めなさい。

4 次の展開図を組み立てた角柱の体積を求めなさい。

(1)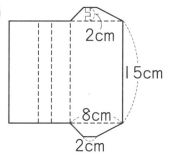

(2)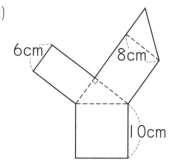

➡ 解答は 65 ページ 月　　　日

角柱と円柱の体積 (2)

次の円柱の体積を求めなさい。ただし，円周率は 3.14 とします。

(1)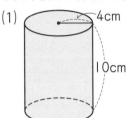

(2)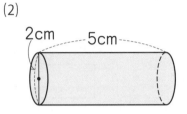

(1) 底面積は，$4 \times 4 \times 3.14 =$ ⎡①⎤ $\times 3.14 =$ ⎡②⎤ (cm^2)

　　体積は，⎡②⎤ $\times 10 =$ ⎡③⎤ (cm^3)

(2) 底面の円の直径が 2cm だから，半径は 1cm

　　底面積は，$1 \times 1 \times 3.14 =$ ⎡④⎤ (cm^2)

　　体積は，⎡④⎤ $\times 5 =$ ⎡⑤⎤ (cm^3)

ポイント　　円柱の底面積＝半径×半径×円周率
　　　　　　　円柱の体積＝底面積×高さ

円周率は 3.14 として計算しなさい。

1 次の円柱の体積を求めなさい。

(1)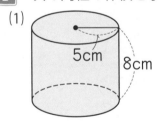

(2)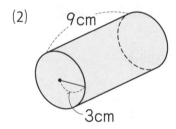

2 右の図は大きさのちがう 2 つの円柱です。
ア，イの体積を比べるとどちらの方が何 cm³
大きいですか。

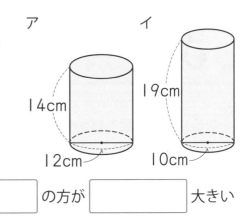

| | の方が | | 大きい |

3 次の問いに答えなさい。

(1) 体積が 565.2cm³，高さが 5cm の円柱があります。底面の
半径を求めなさい。

まず，底面積
を求めよう。

(2) 体積が 197.82cm³，底面の円周が 18.84cm の円柱があります。高さを求めな
さい。

4 次の展開図を組み立てた円柱の体積を求めなさい。

(1)

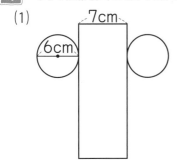

7cm
6cm

(2)

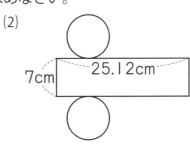

7cm　25.12cm

3日 複雑な図形の体積

次の立体の体積を求めなさい。ただし，(2)の三角形を除いて，角はすべて直角です。

(1)
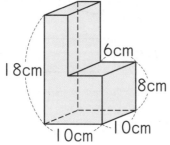

(2)
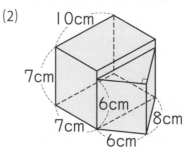

(1) 右の図の色のついた部分を底面とすると，底面積は，

$$18×10-10×\boxed{①} = \boxed{②} (cm^2)$$
└─ 18-8

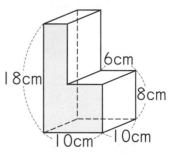

となるので，体積は，

$$\boxed{②} ×10 = \boxed{③} (cm^3)$$

(2) 右の図の㋐の直方体の体積と㋑の三角柱の
体積をたして求めます。

$$10×7×\boxed{④} +6×\boxed{⑤} ÷2×6$$

$$= \boxed{⑥} +144 = \boxed{⑦} (cm^3)$$

㋐ 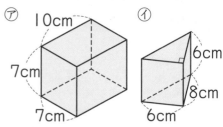 ㋑

ポイント 複雑な図形の体積も，底面積×高さ　で求められるかを考えます。

---

1 次の立体の体積を求めなさい。ただし，角はすべて直角です。

(1)
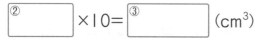

(2)
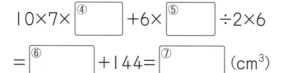

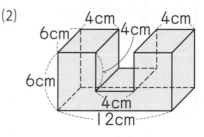

2 次の立体の体積を求めなさい。ただし，円周率は 3.14 とします。

(1) 円柱から円柱をくりぬいた立体

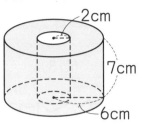

(2) 円柱を半分にした立体

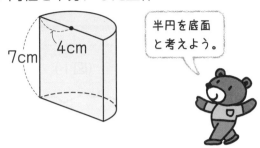

半円を底面と考えよう。

[　　　　　]

[　　　　　]

3 次の立体の体積を求めなさい。ただし，円周率は 3.14 とします。

(1) 直方体と三角柱を合わせた立体

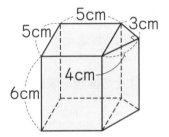

(2) 四角柱から三角柱をくりぬいた立体

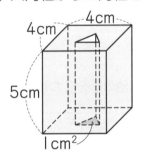

[　　　　　]

[　　　　　]

(3) 円柱の半分から直方体をとりのぞいた立体

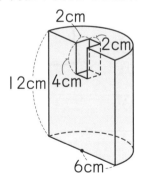

(4) 円柱を重ねた立体

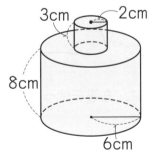

[　　　　　]

[　　　　　]

およその面積と体積

➡ 解答は 66 ページ

月　日

図1のような
池の面積につい
て，次の問いに
答えなさい。

（図1）

池

（図2）

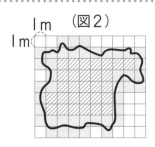

（図3）

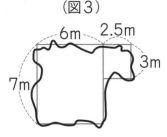

(1) 図2のように，方眼紙に池の図を重ねて，およその面積を求めなさい。

方眼いくつ分かを求めます。▨ が 29 個，▤ が 42 個あり，▤ は 2 個で ▨ 1 個
　　　　　　　　　　　　　　　　　　↑まわりの線が通っている方眼

分と考えます。方眼 1 ますの面積が 1m² なので，およその面積は，

1×(29+ ①□ ÷2)=29+ ②□ = ③□ （m²）　（答）およそ ③□ m²

(2) 図3のように，池の形を 2 つの長方形を合わせた形とみて，およその面積を求めなさい。

④□ ×6+3×2.5= ⑤□ +7.5= ⑥□ （m²）　（答）およそ ⑥□ m²

ポイント 方眼を用いるか，面積を求められる形に表して，およその面積を求めます。

---

1 図1のような
土地の面積に
ついて，次の
問いに答えな
さい。

（図1）

（図2）

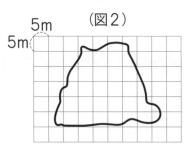

（図3）

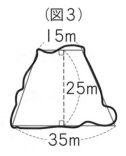

(1) 図2のように，方眼を使って，およその面積を求めなさい。

（答えの欄）

(2) 図3のように，土地を台形とみて，およその面積を求めなさい。

（答えの欄）

2 図１のような卵形について，次の問いに答えなさい。ただし，円周率は 3.14 とします。

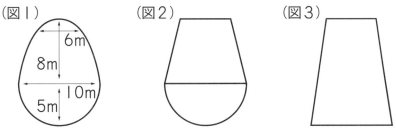

(1) 図２のように台形と半円とみて，およその面積を求めなさい。ただし，台形の上底は 6m，下底は 10m，高さは 8m とし，半円部分は，半径 5m とします。

(2) 図３のように台形とみて，およその面積を求めなさい。ただし，台形の上底は 6m，下底は 10m，高さは 13m とします。

3 図１のようなせん風機の体積を求めようと思います。計算がしやすいように，このせん風機を図２のように３つの部分に分けます。

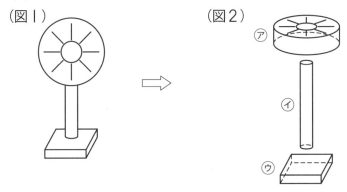

㋐は，底面の半径 16cm，高さ 8cm の円柱
㋑は，底面の半径 3cm，高さ 40cm の円柱
㋒は，縦 20cm，横 20cm，高さ 4cm の直方体
このせん風機のおよその体積は何 cm^3 ですか。ただし，円周率は 3.14 とします。

5日 まとめテスト (1)

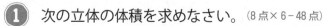

5日 まとめテスト (1)

➡解答は 67 ページ

月　　日

時間 25分 【はやい20分・おそい30分】　得点

合格 80点　　　点

円周率は 3.14 として計算しなさい。

1 次の立体の体積を求めなさい。(8点×6−48点)

(1)
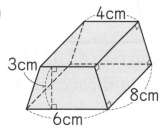
4cm　3cm　6cm　8cm

(2)
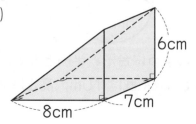
6cm　8cm　7cm

(3)
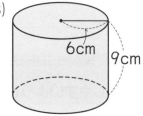
6cm　9cm

(4)（角はすべて直角）
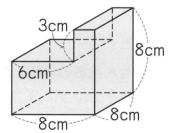
3cm　6cm　8cm　8cm　8cm

(5)
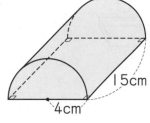
15cm　4cm

(6) 四角柱と円柱の半分を合わせた立体
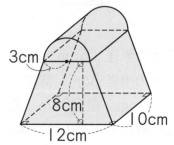
3cm　8cm　12cm　10cm

② 右のように立方体を 2 つに切り分けます。大きい方の立体と小さい方の立体の体積を比べると，その差は何 cm³ですか。ただし，直線 AB は辺 CD に平行です。

(10点)

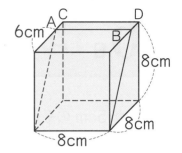

③ 次の問いに答えなさい。(8点×2−16点)

(1) 体積が 54cm³で，底面の三角形の底辺が 4cm,高さが 3cm の三角柱があります。この立体の高さは何 cm ですか。

(2) 体積が 628cm³, 高さが 8cm の円柱があります。底面の円の直径を求めなさい。

④ 次の展開図を組み立てたときの立体の体積を求めなさい。(8点×2−16点)

(1)

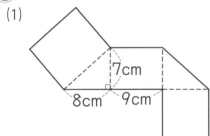

(2)

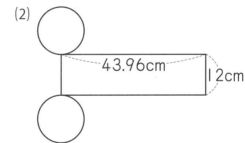

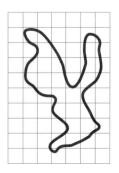

⑤ 右の図のような形をした湖のおよその面積は何 km²ですか。方眼を使って答えなさい。ただし，方眼の 1 目もりは 1km とします。(10点)

6日 比　例（1）

底辺が 5cm の平行四辺形で，高さを変えていったとき
の高さと面積の関係を調べます。

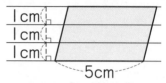

(1) 下の表を完成させなさい。

高さ（cm）	1	2	3	4	5	6	7	8	9	…
面積（cm²）	5	①	15	②	25	30	③	④	45	…

（3倍 → ，④倍 →）
（⑦倍 ↑，⑨倍 ↑）

平行四辺形の面積＝底辺×高さ　の式を使って求めます。

(2) 上の表の⑦，④，⑨にあてはまる数を答えなさい。

⑦　15÷5＝⑤□　　　　④　4÷8＝⑥□　　　　⑨　②□ ÷ ④□ ＝ ⑦□

(3) 面積は高さに比例しますか。

表より，高さが 2 倍，3 倍，…になると，面積も 2 倍，3 倍，…になります。

また，高さが $\frac{1}{2}$ 倍，$\frac{1}{3}$ 倍，…になると，面積も $\frac{1}{2}$ 倍，$\frac{1}{3}$ 倍，…になります。

よって，面積は高さに ⑧□。

ポイント x が□倍になると，y も□倍になることを，y は x に比例するといいます。

---

1 高さが 4cm の三角形で，底辺を変えていったときの底辺と面積の関係を調べます。

(1) 下の表を完成させなさい。

底辺（cm）	1	2	3	4	5
面積（cm²）					

(2) 面積は底辺に比例しますか。

2 2つの量の関係を調べます。次の問いに答えなさい。

(1) 下の表を完成させなさい。

①誕生日が同じで，6才差の兄と弟の年れい

弟の年れい（才）	1	2	3	4	5
兄の年れい（才）	7				

②水そうに1分間に3Lの割合で水を入れたときの，水を入れた時間とたまった水の量

時間（分）	1	2	3	4	5
水の量（L）	3				

③500円玉で買い物をするときの，代金とおつりの金額

代金（円）	100	200	300	400	500
おつり（円）					

(2) (1)で，2つの量が比例しているのはどれですか。①〜③の番号で答えなさい。

3 次の表で，y は x に比例しています。表を完成させなさい。

(1)

x	3	4	5	6	7	
y			10			16

(2)

x	2		6	8		12
y		6		12	15	

一方が□倍になると，
他方も□倍になるね。

7日 比 例（2）

右の表は，底面積が $4cm^2$ の四角柱の高さを x cm，体積を y cm^3 として，その関係を表したものです。

x(cm)	1	2	3	4	5	…
y(cm^3)	4	8	12	16	20	…

(1) $y \div x$ の値を求めなさい。

4÷1＝4, 8÷2＝4, 12÷3 = 4, ……のように，y の値を対応する x の値でわると，商はどれも ①[   ] になります。

(2) y を x の式で表しなさい。

$y \div x$＝①[   ] だから，y＝②[   ]

(3) 高さ 8cm のときの体積は何 cm^3 ですか。

y＝②[   ] だから，y＝4×③[   ]＝④[   ]（cm^3）

ポイント y が x に比例するとき，y＝決まった数×x で表せます。

---

1 右の表は，底面積が $5cm^2$ の三角柱の高さを x cm，体積を y cm^3 として，その関係を表したものです。

x(cm)	1	2	3	4	5	6
y(cm^3)	5	10	15	20	25	30

(1) y を x の式で表しなさい。

┌─────────────┐
└─────────────┘

(2) 高さ 9cm のときの体積は何 cm^3 ですか。

┌──────┐
└──────┘

(3) 体積が $55cm^3$ のときの高さは何 cm ですか。

┌──────┐
└──────┘

2 次の㋐〜㋓のうち，y が x に比例しているものをすべて選び，記号で答えなさい。
　　㋐ 底辺が 6cm の平行四辺形の高さ $x$cm と面積 $y$cm^2
　　㋑ 1つ210円のシュークリームの個数 x 個と代金 y 円
　　㋒ 20個のあめを兄と弟で分けるときの兄の分 x 個と弟の分 y 個
　　㋓ 時速 250km で走る電車の走った時間 x 時間と移動した道のり $y$km

[　　　　　　　]

3 y は x に比例しているものとします。次の問いに答えなさい。
　⑴ x が4のとき y は3です。y を x の式で表しなさい。

[　　　　　　　]

　⑵ x が6のとき y は8です。x が9のとき y の値を答えなさい。

[　　　　　]

　⑶ x が7のとき y は10です。y が3のとき x の値を答えなさい。

[　　　　　]

4 5L のガソリンで，155km 走る自動車があります。
　⑴ 26L で何 km 走ることができますか。

[　　　　　]

　⑵ 片道 310km の道のりを往復するためには，何 L のガソリンが必要ですか。

[　　　　　]

8日 比　例 (3)

1m あたりの重さが 40g の針金（はりがね）があります。針金の長さを xm，重さを yg とするとき，2 つの量の関係について，次の問いに答えなさい。

(1) y を x の式で表しなさい。

　　針金の重さ＝1m あたりの重さ×針金の長さ　だから，$y=$ ①□ $\times x$

(2) 下の表を完成させなさい。

x (m)	1	2	3	4	5	6	7	8	9	10	…
y (g)	40	②	120	③	④	240	⑤	320	360	400	…

(3) x と y の関係を次のグラフに表しなさい。

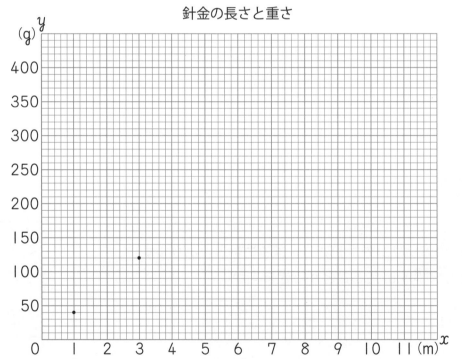

針金の長さと重さ

(2)の表から対応する x, y の値をグラフに点・でかき入れます。かき入れた点・を線で結ぶと，グラフは 0 の点を通る ⑥□ になります。

ポイント　比例する 2 つの量の関係を表すグラフは，0 の点を通る直線になります。

16

1 自動車で高速道路を走ります。ガソリン1Lで24km走ります。ガソリンの量を x L，走る道のりを y km とするとき，2つの量の関係について，次の問いに答えなさい。

(1) y を x の式で表しなさい。

(2) 下の表を完成させなさい。

x (L)	1	2	3	4	5	6	7	8	9	…
y (km)	24									…

(3) x と y の関係を次のグラフに表しなさい。

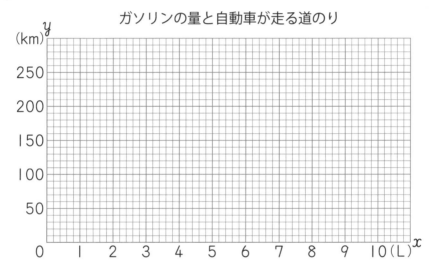

ガソリンの量と自動車が走る道のり

(4) x の値が1増えると y の値はいくつ増えますか。

(5) この自動車はガソリン7.5Lで何km走りますか。

(6) この自動車は60km走るのに，ガソリンを何L使いますか。

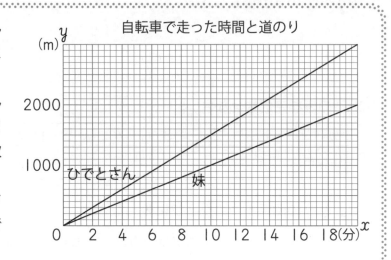

9日 比 例（4）

右のグラフは，ひでとさんと妹が自転車で同じコースを同時に出発したときの，走った時間 x 時間と進んだ道のり y m を表しています。このグラフを見て，次の問いに答えなさい。

自転車で走った時間と道のり

(1) ひでとさんと妹の速さはそれぞれ分速何 m ですか。

ひでとさんは 10 分後には，①[＿＿＿＿] m 進んでいるので，

①[＿＿＿＿] ÷10=②[＿＿＿＿] (m) より，分速 ②[＿＿＿＿] m

妹は 10 分後には，③[＿＿＿＿] m 進んでいるので，

③[＿＿＿＿] ÷10=④[＿＿＿＿] (m) より，分速 ④[＿＿＿＿] m

(2) 1200m の地点をひでとさんが通過してから，妹が通過するまでの時間は何分ですか。

出発してから 1200m の地点を通過するまでにかかる時間はグラフより，ひでとさんが 8 分，妹が 12 分なので，その差は ⑤[＿＿＿＿] 分になります。

(3) 出発してから 20 分後，2 人は何 m はなれていますか。

20 分後の地点はグラフより，ひでとさんは ⑥[＿＿＿＿] m，妹は 2000m なので，その差は ⑦[＿＿＿＿] m になります。

ポイント グラフを横軸にそって見たり，縦軸にそって見たりすると，いろいろなことが読み取れます。

1 次のグラフは，高速道路を自動車とバイクが同時に出発して同じ道を走ったときの走った時間 x 時間と進んだ道のり y km を表しています。このグラフを見て，下の問いに答えなさい。

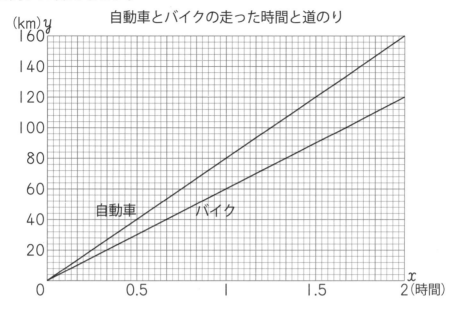

(1) 自動車とバイクの速さはそれぞれ時速何 km ですか。

自動車 [   ] ，バイク [   ]

(2) 自動車が 1 時間 30 分の間に走った道のりは何 km ですか。

(3) バイクが 80km 進むのにかかった時間は何時間何分ですか。

(4) 120km の地点を自動車が通過してから，バイクが通過するまでの時間は何分ですか。

(5) 出発してから 30 分後，自動車とバイクは何 km はなれていますか。

10日 まとめテスト (2)

① 次の表はエアコンを使ったときの，使用時間と電気代を表しています。

使用時間 (時間)	1	2	3	4	5	…
電気代 (円)	30	60	㋐	㋑	㋒	…

(1) 表の㋐，㋑，㋒にあてはまる数を求めなさい。(3点×3−9点)

㋐ [　　　　] , ㋑ [　　　　] , ㋒ [　　　　]

(2) 使用時間を x 時間，電気代を y 円として，y を x の式で表しなさい。(9点)

[　　　　　　　]

(3) x と y の関係をグラフで表しなさい。(9点)

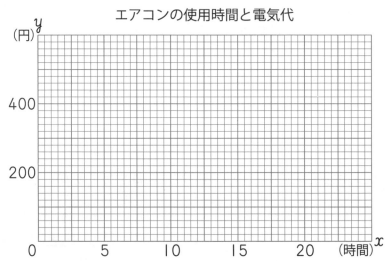

エアコンの使用時間と電気代

(4) 35 時間使ったときの電気代を求めなさい。(9点)

[　　　　　　　]

(5) 電気代が 2000 円のとき，使用時間は何時間何分ですか。(9点)

[　　　　　　　]

2 木のかげの長さをはかると 6m ありました。同時に，1.5m の棒を立てて，かげの長さをはかると 0.9m ありました。このとき木の高さは何 m ですか。(10点)

[　　　　]

3 右のグラフは水が 30L 入る 2 つの水そうにそれぞれ水道せん㋐と㋑から水を入れたときの入れ始めからの時間と，入った水の量の変化のようすを表したものです。次の問いに答えなさい。

水を入れた時間と入った水の量

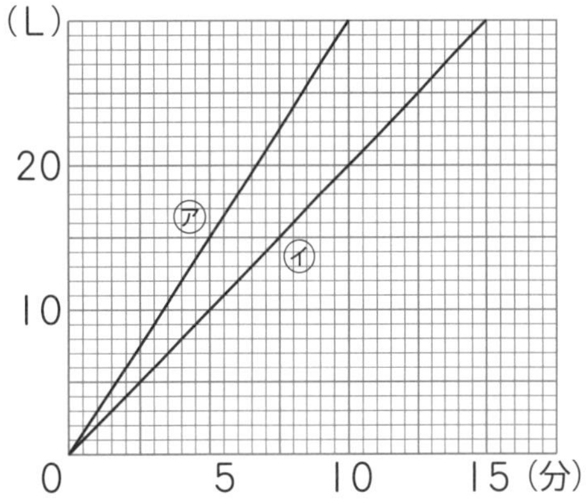

(1) 水道せん㋐と㋑は，それぞれ 1 分間あたり何 L の水が出ますか。(9点×2−18点)

㋐ [　　　　] , ㋑ [　　　　]

(2) 水を入れ始めて 5 分後，水道せん㋐と㋑から入れた水の量の差は何 L になりますか。(9点)

[　　　　]

(3) 2 つの水そうに入れた水の量の差が 9L になるのは，水を入れ始めてから何分後ですか。(9点)

[　　　　]

(4) 水道せん㋐と㋑の 2 つを同時に開いて，1 つの水そうをいっぱいにします。何分でいっぱいになりますか。(9点)

[　　　　]

反 比 例 (1)

面積が $24cm^2$ の平行四辺形で，底辺の長さを変えていったときの底辺と高さの関係を調べます。

(1) 下の表を完成させなさい。

底辺 (cm)	1	2	3	4	5	6	8	…
高さ (cm)	24	12	①	6	②	③	3	…

(2) 上の表の⑦，⑦，⑦にあてはまる数を答えなさい。

⑦ $12 \div 24 =$ ④ 　　　　　⑦ $2 \div 6 =$ ⑤ 　　　　　⑦ $12 \div$ ③ $=$ ⑥

(3) 高さは底辺に反比例しますか。

　　表より，底辺が 2 倍，3 倍，…になると，高さは ⑦ 　　倍， ⑧ 　　倍，…

になります。よって，高さは底辺に ⑨ 　　　　　　　　　　。

ポイント x の値が 2 倍，3 倍，…になるとそれにともなって y の値が $\frac{1}{2}$ 倍， $\frac{1}{3}$ 倍，…になるとき，y は x に反比例するといいます。

---

1 面積が $36cm^2$ の長方形で，縦の長さを変えていったときの縦と横の長さの関係を調べます。

(1) 下の表を完成させなさい。

縦 (cm)	1	2	3	4	5	6
横 (cm)						

(2) この縦と横の長さの関係を何といいますか。

2 2つの量の関係を調べます。次の問いに答えなさい。

(1) 下の表を完成させなさい。

① 450kmの道のりを自動車で走るときの時速と時間

時速 (km)	50	60	75	90	100
時間 (時間)	9				

② 1mの値段(ねだん)が50円のテープの長さと代金

長さ (m)	2	4	6	8	10
代金 (円)					

③体積が120cm³の三角柱の高さと底面積

高さ (cm)	10	20	30	40	50	60
底面積 (cm²)						

(2) (1)で，2つの量が反比例しているのはどれですか。①〜③の番号で答えなさい。

3 次の表で，y は x に反比例しています。表のあいているところに数を書きましょう。

(1)

x	1	2	4		10	12
y			12	8		

(2)

x	3	6		12	18	
y		9	6			1

12日 反 比 例 (2)

右の表は，面積が 120cm^2 の平行四辺形の底辺 $x$cm と高さ $y$cm の変わり方を表したものです。

x (cm)	1	2	3	4	5	6
y (cm)	120	60	40	30	24	20

(1) 対応する x と y の値は，どのような関係になっていますか。

1×120=120，2×60=120，3×40=120，……のように，対応する x と y の値の積はどれも ① □ になります。

(2) y を x の式で表しなさい。

x×y=120 だから，$y=$ ② □

(3) 底辺が 8cm のときの高さは何 cm ですか。

$y=$ ② □ だから，y=120÷ ③ □ = ④ □ (cm)

ポイント y が x に反比例するとき，y=決まった数÷x で表せます。

---

1 水そうに水を入れます。右の表は 1 分間に入れる水の量 xL と，いっぱいにするのにかかる時間 y 分の変わり方を表したものです。

x (L)	1	2	3	4	5	6
y (分)	30	15	10	7.5	6	5

(1) y を x の式で表しなさい。

□

(2) 1 分間に入れる水の量が 12L のとき，いっぱいにするのにかかる時間は何分何秒ですか。

□

2 次のうち，y が x に反比例しているものをすべて選び，記号で答えなさい。
   ㋐ 面積が $6cm^2$ の三角形の底辺 x cm と高さ y cm
   ㋑ 1 本 85 円のジュースの本数 x 本と代金 y 円
   ㋒ 時速 70km で走る電車の走った時間 x 時間と道のり y km
   ㋓ 500mL の水を x 人で等分するときの 1 人分の水の量 y mL

3 y は x に反比例するものとします。次の問いに答えなさい。
   (1) x が 3 のとき y は 5 です。x が 6 のとき y の値を答えなさい。

   (2) x が 8 のとき y は 6 です。y が 5 のとき x の値を答えなさい。

4 A，B の歯車が右の図のようにかみ合っています。 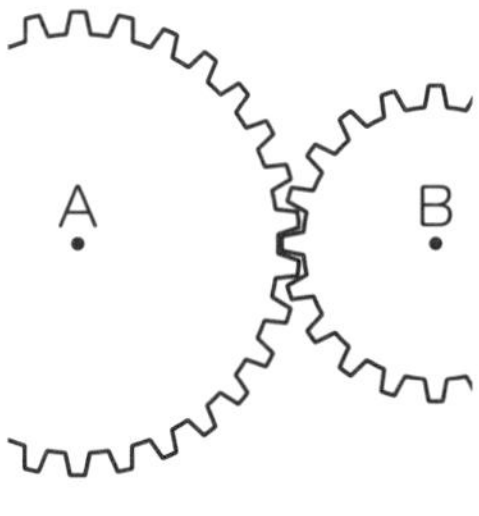
   (1) A の歯車の歯数が 30，B の歯車の歯数が 20 のとき，A が 2 回転すると，B は何回転しますか。

歯車の歯数と回転数は反比例するよ。

   (2) B の歯車の歯数は 15 で，B の歯車が 4 回転すると，A の歯車は 3 回転するとき，A の歯車の歯数はいくつですか。

13日 反 比 例 (3)

右の表は，面積が $24cm^2$ の長方形の縦と横の長さの関係を表したものです。

縦 (cm)	1	2	3	4	6	8	12	24
横 (cm)	24	12	8	6	4	3	2	1

(1) 縦の長さを $x$cm, 横の長さを $y$cm として, y を x の式で表しなさい。

長方形の面積＝縦×横　だから，　$24=x×y$　よって，$y=$ ┌①─────┐

(2) 縦の長さが 10cm のとき，横の長さは何 cm ですか。

$y=$ ┌①─────┐　だから，$y=24÷10=$ ┌②───┐

よって，横の長さは ┌②──┐cm

(3) 横の長さが 16cm のとき，縦の長さは何 cm ですか。

$y=$ ┌①─────┐　だから，$16=24÷x$

よって，$x=24÷$ ┌③──┐$=$ ┌④────┐ だから，縦の長さは ┌④──┐cm

(4) x と y の関係をグラフに表しなさい。

表や(2), (3)から対応する x, y の値をグラフに点 • でかき入れてなめらかな曲線で結びます。

長方形の縦の長さと横の長さ

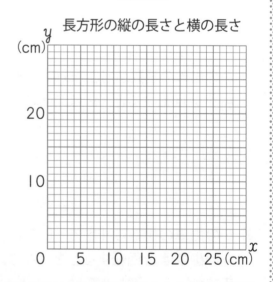

ポイント 反比例のグラフは通る点をなめらかな曲線でつなぎます。
縦軸や横軸に交わることはなく，0 の点も通りません。

1 右の表は，面積が 18cm² の平行四辺形の
底辺を $x$cm，高さを $y$cm として，その関
係を表したものです。

x (cm)	1	2	3	6	9	12	18
y (cm)	18	9	6	3	2	1.5	1

(1) y を x の式で表しなさい。

(2) x と y の関係をグラフに表しなさい。

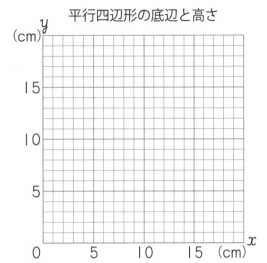

平行四辺形の底辺と高さ

2 36km の道のりを進むときの速さと時間の関係を調べます。

(1) 時速を $x$km，時間を y 時間として，y を x の式で表しなさい。

(2) 時速 $x$km と時間 y 時間の関係を表した次の表を完成させなさい。

時速（km）	1	2	3	4	6	9	12	18	36
時間（時間）									

(3) x と y の関係をグラフに表しなさい。

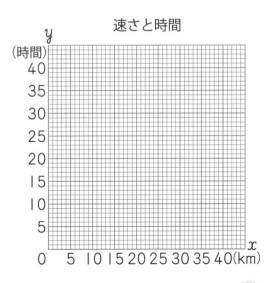

速さと時間

14日 いろいろなグラフ

右のグラフは，10km 離れた東町と西町の間をバスが往復したことを表しています。

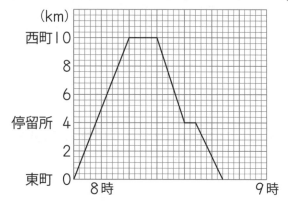

(1) このバスが東町から西町へ行くときの速さは分速何 m ですか。

　グラフより，バスは 7 時 50 分に東町を出発し，8 時 10 分に西町に着いていることがわかります。10km を 20 分で進んでいるので，速さは

分速 ①[　　　　　] ÷20= ②[　　　　　] (m)

(2) 東町から 4km のところにバスの停留所があります。バスが西町から帰るとき，西町から停留所までの速さは分速何 m ですか。

　グラフより，バスは 8 時 20 分に西町を出発し，8 時 30 分に停留所に着いていることがわかります。6km を 10 分で進んでいるので，速さは

分速 ③[　　　　　] ÷10= ④[　　　　　] (m)

(3) 東町から 2km のところにゆりさんの家があります。西町から帰りのバスがゆりさんの家の前を通り過ぎるのは，何時何分ですか。

　グラフより，バスは 8 時 34 分に停留所を出発し，8 時 44 分に東町に着いていることがわかります。4km を 10 分で進んでいるので，帰りのバスが東町から 2km のところにあるゆりさんの家の前を 8 時 44 分から ⑤[　　　　] 分前の

8 時 ⑥[　　　　] 分に通り過ぎるとわかります。

ポイント 横軸に時間，縦軸に道のりをとったグラフから，速さを求めることができます。

1 下のグラフは，南市と北市の間をまことさんが自転車で往復したことを示しています。

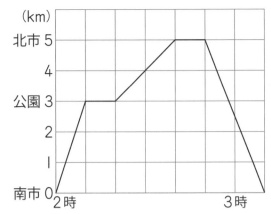

(1) 南市から北市へ向かうとき，まことさんは南市から 3km のところにある公園で休みました。南市から公園まで進んだときの速さは分速何 m ですか。

(2) まことさんが公園で休んだのは何分ですか。

(3) 北市からの帰りで，北市から南市まで進んだときの速さは分速何 m ですか。

(4) 北市からの帰りで，公園を通り過ぎるのは何時何分ですか。

(3)で求めた答えを利用しよう。

15日 まとめテスト (3)

時間 **20分** 【はやい15分・おそい25分】

合格 **80点** 　得点　　　点

---

1 面積が 48cm² の平行四辺形の底辺 $x$cm と高さ $y$cm の関係について，次の問いに答えなさい。(12点×3－36点)

(1) y を x の式で表しなさい。

(2) $x=1$，2，3，…としたときの y の値を次の表に書きなさい。

x (cm)	1	2	3	4	6	8	12	16	24	48
y (cm)										

(3) x と y の関係をグラフに表しなさい。

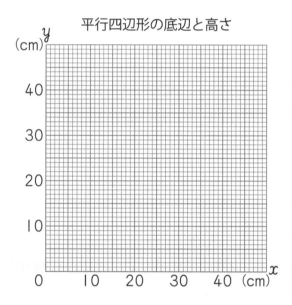

平行四辺形の底辺と高さ

2 y は x に反比例するものとします。次の問いに答えなさい。(10点×2－20点)

(1) x が 3 のとき，y が 8 です。y を x の式で表しなさい。

(2) x が 4 のとき，y は 7 です。y が 5 のとき x の値を答えなさい。

③ A，B，Cの歯車が図のようにかみ合っています。
A の歯車の歯数は 20 で，A の歯車が 6 回転する
と，B の歯車は 4 回転します。また，B の歯車が
6 回転すると，C の歯車は 3 回転します。

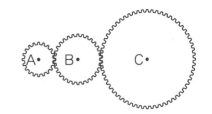

(10 点× 2 － 20 点)

(1) B の歯車の歯数はいくつですか。

(2) C の歯車の歯数はいくつですか。

④ 下のグラフは，東市と西市の間を往復しているバスの運行のようすを表したもの
です。 (12 点× 2 － 24 点)

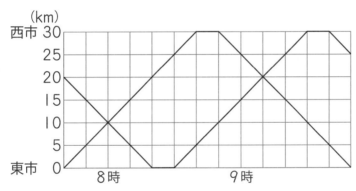

(1) バスの速さは時速何 km ですか。

(2) 8 時 30 分に東市を出発したバスが西市からくるバスとすれちがうのは何時何分
ですか。

並べ方と組み合わせ（1）

(1) 4 人が横 1 列に並びます。4 人を A，B，C，D として，いちばん左に A が並ぶとき，並び方は何通りありますか。

いちばん左に A が並ぶとき，B，C，D の 3 人の並び方は右の図のように表すことができます。起こりうるすべての場合を枝分かれした樹木のようにかいたこのような図を樹形図（じゅけいず）といいます。図より，① ☐ 通り。

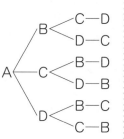

(2) 4 人が横 1 列に並ぶ方法は何通りありますか。

(1)でいちばん左が B でも同じように ① ☐ 通りあり，いちばん左が C，D でも同じように ① ☐ 通りあるので，全部で ① ☐ × ② ☐ ＝ ③ ☐ （通り）

　まず（左から）1 番目に並ぶ人を決めて，2 番目，3 番目と順に考えていきます。

1　1 2 3 の 3 枚のカードを横 1 列に並べて 3 けたの整数をつくります。できる 3 けたの整数は，全部で何通りありますか。下の樹形図を完成させて求めなさい。

百の位　十の位　一の位

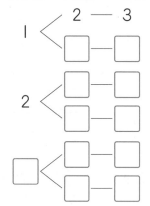

2️⃣ 右の図のア, イ, ウ, エの 4 つの部分を赤, 青, 黄, 緑の 4 色にぬり分けます。ぬり分け方は全部で何通りありますか。

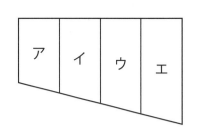

3️⃣  の 4 枚のカードを横 1 列に並べて 4 けたの整数をつくります。

(1) 千の位が 1 である整数は何通りできますか。

(2) 4 けたの整数は全部で何通りできますか。

4️⃣ 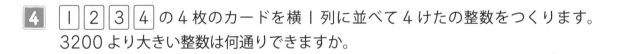 3200 より大きい整数は何通りできますか。

5️⃣ 4 人が横 1 列に並びます。4 人を A, B, C, D としたとき, A と B の 2 人がとなり合うような並び方は何通りありますか。

17日 並べ方と組み合わせ（2）

1 2 3 の 3枚のカードのうち，2枚を使って 2けたの整数をつくります。2けたの整数は全部で何通りありますか。

十の位　一の位

$1 <$ 2
3

$2 <$ 1
3

$3 <$ 1
2

左の樹形図から 2けたの整数をつくっていくと小さい順に 12, 13, ① [　　], ② [　　], ③ [　　], ④ [　　] となります。

よって，答えは ⑤ [　　] 通りです。

ポイント まず（左から）1番目を決めて，条件を考えながら順に書き出していきます。

---

1 3人から班長と副班長を 1人ずつ選びます。3人を A, B, C としたとき，班長と副班長の選び方は全部で何通りありますか。下の樹形図を完成させて求めなさい。

班長　副班長

[　] $<$ [　]
[　]

[　] $<$ [　]
[　]

[　] $<$ [　]
[　]

[　　　　　]

---

2 1 2 3 4 の 4枚のカードのうち，2枚を使って 2けたの整数をつくります。2けたの整数は全部で何通りできますか。

[　　　　　]

3 　赤，青，黄，緑の 4 色を使って，右の図のア，イ，ウの 3 つの部分を 3 色にぬり分けます。ぬり分け方は全部で何通りありますか。

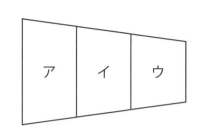

4 　⓪①②③の 4 枚のカードから 3 枚を使って 3 けたの整数をつくります。できる整数は全部で何通りありますか。

5 　10 円玉を続けて 3 回投げるとき，表と裏の出方は何通りありますか。

樹形図に表して考えよう。

6 　さいころを 2 回投げます。出た目の和が 8 になる場合は何通りありますか。

18日 並べ方と組み合わせ（3）

4 人の班の中から，そうじ当番を 2 人選ぶ選び方は何通りありますか。

4 人を A，B，C，D とし，右のように表にします。
そうじ当番を○で表して，何通りあるかを数えます。

答えは ① [　　　] 通りになります。

A	○	○	○			
B	○			○	○	
C		○		○		○
D			○		○	○

ポイント 組み合わせを考えるときは，A と B，B と A は同じ組み合わせであることに
注意します。

1 次の問いに答えなさい。

(1) 5 色の色えん筆の中から 2 色を選ぶ選び方は何通りですか。5 つの色を A, B, C,
D, E として表を完成させて求めなさい。

A	○									
B	○									
C										
D										
E										

（表の空らんは多めにつくってあります。）

(2) 4 色の色えん筆の中から 3 色を選ぶ選び方は何通りですか。4 つの色を A, B,
C, D として表を完成させて求めなさい。

A	○					
B	○					
C	○					
D						

（表の空らんは多めにつくってあります。）

2 A，B，C，D の 4 チームでサッカーの試合をします。それぞれ各チームと 1 回ずつ対戦するとき，全部で何試合になりますか。

3 6 人から委員を 2 人選びます。6 人を A，B，C，D，E，F として，次の問いに答えなさい。

(1) A と B の 2 人を選ぶとき，（A，B）と書きます。このようにして A が選ばれるときの選び方をすべて書きなさい。

(2) A が選ばれない選び方を考えます。このとき B が選ばれるときの選び方を(1)と同じようにすべて書きなさい。

(3) 全部で選び方は何通りありますか。

4 A，B，C，D，E の 5 種類のジュースがあります。このうち 3 種類を選んで箱に入れます。入れ方は全部で何通りありますか。

19日 並べ方と組み合わせ（4）

ふくろの中に，青玉，白玉，黒玉がそれぞれ2個ずつ入っています。ふくろの中から玉を3個取り出します。取り出し方は全部で何通りありますか。ただし，同じ色の玉は区別できないものとします。

取り出した玉が3個ともちがう色になる取り出し方は，
（青，白，黒）の1通り。
取り出した3個のうち2個が同じ色になる取り出し方は，

（青，□① ，白），（青，青，黒），（白，白，青），（白，白，□② ），

（□③ ，黒，青），（黒，黒，白）の□④ 通り。

したがって，全部で，1+□④ ＝□⑤ （通り）

ポイント もれや重なりがないように注意して数えます。

---

1 ふくろの中に，青玉が1個，白玉が2個，黒玉が3個入っています。ふくろの中から玉を2個取り出します。取り出し方は全部で何通りありますか。ただし，同じ色の玉は区別できないものとします。

---

2 ふくろの中に，赤玉，黄玉，青玉がそれぞれ3個ずつ入っています。ふくろの中から玉を3個取り出します。取り出し方は全部で何通りありますか。ただし，同じ色の玉は区別できないものとします。

3 1円玉，50円玉，100円玉，500円玉がそれぞれ1枚ずつあります。このうち2枚を組み合わせてできる金額を全部書きなさい。

4 1円玉，5円玉，10円玉がそれぞれ2枚ずつあります。このうち3枚を組み合わせてできる金額を全部書きなさい。

5 3g，5g，7gの3種類のおもりが1個ずつあります。これらのおもりを使ってはかることができる重さは，全部で何通りですか。

6 右の図のように，円周上に5つの点があります。

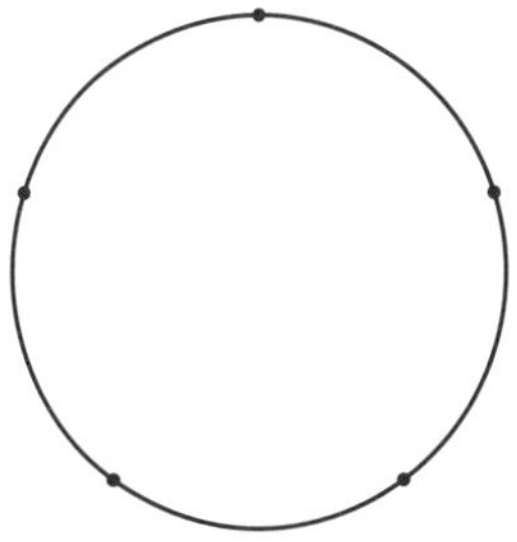

(1) 2つの点を結んで直線をひくと，何本ひけますか。

(2) 3つの点を結んで三角形をつくると，何個できますか。

5つの点をA，B，C，D，Eとして考えよう。

20日 まとめテスト (4)

① けんさん，ともやさん，あきらさん，さとるさんの 4 人でリレーのチームをつくります。走る順番は全部で何通りありますか。(10点)

② 4 人から委員長と副委員長を 1 人ずつ選びます。選び方は全部で何通りありますか。(10点)

③ 5 人から日直を 2 人選びます。選び方は全部で何通りありますか。(10点)

④  の 5 枚のカードのうち，2 枚を使って 2 けたの整数をつくります。(10点×2−20点)

(1) 全部で何通りできますか。

(2) 奇数は何通りできますか。

⑤ あやかさんとゆみさんの2人でじゃんけんをします。2人が出すグー，チョキ，パーの出し方は全部で何通りありますか。(10点)

⑥ 大，小2つのさいころを同時に投げます。出た目の和が5以下になる場合は何通りありますか。(10点)

⑦ 1円玉，5円玉，10円玉，50円玉がそれぞれ2枚ずつあります。このうち2枚を組み合わせてできる金額は何通りありますか。(10点)

⑧ 1g，2g，4g，8gの4種類のおもりが1個ずつあります。(10点×2−20点)
(1) 何個かを組み合わせて，合計7gにします。どのように組み合わせるとできますか。使うおもりをすべて答えなさい。

(2) このおもりを使ってはかることのできる重さは，全部で何通りありますか。

21日 代　表　値

➡解答は 76 ページ

月　　日

19 人で的当てゲームをした結果は下のようになりました。

ゲームの得点（点）

4	2	1	3	3	5	2	4	0	5	4	3	2	5	2	3	2	5	2

(1) 得点の平均値を求めなさい。

得点の合計は 4+2+1+3+3+5+2+4+0+5+4+3+2+5+2+3+2+5

+2=① □（点）だから, ① □ ÷19=② □（点）

(2) 得点の中央値を求めなさい。

得点を小さいものから順に並べます。

0 1 2 2 2 2 2 2 3 3 3 3 4 4 4 5 5 5 5

中央値は ③ □ 点です。

└─ 真ん中の値

(3) 得点の最頻値を求めなさい。

それぞれの得点をとった人数を数えると, 0 点が 1 人, 1 点が ④ □ 人,

2 点が ⑤ □ 人, 3 点が ⑥ □ 人, 4 点が ⑦ □ 人, 5 点が 4 人

なので, 最頻値は ⑧ □ 点です。

平均値, 中央値, 最頻値など, 資料の特ちょうを表す値を, 代表値といいます。平均値, 中央値, 最頻値は等しい数値になるとは限りません。

ポイント

平均値, 中央値, 最頻値などを, 代表値といいます。

中央値…資料を大きさの順に並べたときに, 真ん中にくる値

最頻値…資料の中で, いちばん個数が多い値

1 6年生の男子39人が，2つの班に分かれて上体起こしをした記録は下のようになりました。

1班の上体起こしの記録（回）

17	17	18	18	18
19	19	20	20	20
20	20	20	21	21
22	23	23	24	

2班の上体起こしの記録（回）

19	17	20	17	23
22	28	22	19	17
17	22	17	24	21
16	23	22	18	16

(1) 1班と2班の記録の平均値をそれぞれ求めなさい。

1班 ☐ ， 2班 ☐

(2) 1班と2班の記録の中央値をそれぞれ求めなさい。

1班 ☐ ， 2班 ☐

(3) 1班と2班の記録の最頻値をそれぞれ求めなさい。

1班 ☐ ， 2班 ☐

(4) 1班と2班のそれぞれで，いちばん回数の多い人といちばん回数の少ない人の差を求めなさい。

1班 ☐ ， 2班 ☐

2 さきこさんのクラス25人で行われた小テストの結果が発表されました。さきこさんが，自分の得点が25人の中で高いほうなのか低いほうなのかを知るためには，25人の得点の，どの代表値を見ればよいですか。平均値，中央値，最頻値の中から答えなさい。

☐

3 ある運動ぐつを販売している店の店員が，今年1年間でこのくつが何足売れたかをサイズ別に調べました。来年どのサイズを多めに仕入れるか決めるためには，売れたサイズの，どの代表値を見ればよいですか。平均値，中央値，最頻値の中から答えなさい。

☐

22日 資料の調べ方 (1)

ゆうきさんのクラス 24 人の, 1 か月に読んだ本の冊数は下のようになりました。

読んだ本の冊数（冊）

8	5	7	7	6	4	12	4	10	5	9	6
3	4	4	0	3	0	5	7	4	10	7	2

(1) ちらばりのようすを, 数直線の上に点・で表します。上の結果の 1 行目までかきました。つづきをかきなさい。

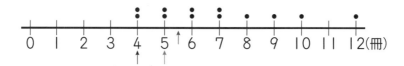

対応する目もりの上に点を積み上げていきます。0 冊だった人は 2 人なので, 0 の目もりの上には点が 2 個積み上がります。2 冊だった人は 1 人だけなので, 点は 1 個です。このような図を, ドットプロットといいます。

(2) 冊数の最頻値と中央値を求めなさい。

最頻値は, 点がいちばん高く積み上がった冊数で, ① [　　] 冊です。

（上の図の↑）

また, 冊数の少ないほうから数えて, 12 番目は ② [　　] 冊, 13 番目は ③ [　　]

冊なので, 中央値は $\left(② [\ \ ] + ③ [\ \ ] \right) ÷ 2 = ④ [\ \ ]$ (冊)（上の図の↑）

(3) 冊数の平均値を求めなさい。

各冊数と人数をかけて冊数の合計を計算すると,

$0×2+2×1+3×2+4×5+5×3+6×2+7×4+8×1+9×1+10×2+12×1$

$= ⑤ [\ \ ]$ (冊)だから, $⑤ [\ \ ] ÷ 24 = ⑥ [\ \ ]$ (冊)（上の図の↑）

> **ポイント** ドットプロットを見ると, 資料のちらばり方がわかります。

1 こうたさんが，家にあったみかん 10 個の重さを
量ったところ，右のようになりました。

みかんの重さ（g）

123	120	120	122	124
121	125	124	121	120

(1) 10 個の重さについて，ドットプ
ロットをかきなさい。

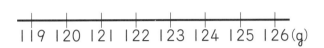

(2) 重さの中央値を求めなさい。

(3) 重さの平均値が 122g であったことから，こうたさんは，「ぼくの家のみかんは
122g のものがいちばん多い。」と考えました。こうたさんの考えが正しいか正
しくないかを，理由をつけて答えなさい。

2 ある資料について，ドットプロットをかきました。平均値，中央値，最頻値の現
れる場所がまちがっているほうを選び，記号で答えなさい。

(1) ア   イ

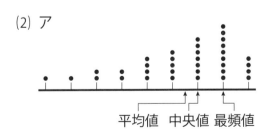
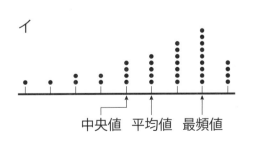

(2) ア   イ

➡解答は 77 ページ 月 日

23日 資料の調べ方（2）

6年生の男子 16 人のソフトボール投げの記録は，右のようになりました。

ソフトボール投げの記録（m）

46	27	30	40	22	48	42	27
43	46	31	26	35	32	42	19

(1) 16 人の記録について，ドットプロットをかきなさい。

(2) 右の表を完成させなさい。

それぞれのはんいに入る人数を調べて書きこみます。30m 以上 40m 未満のはんいには，30m の記録の人は入りますが，40m の記録の人は入りません。このはんいを階級といい，右のような表を度数分布表といいます。

ソフトボール投げの記録

きょり（m）	人数（人）
10 以上～ 20 未満	1
20　～30	4
30　～40	①
40　～50	②
合　計	③

(3) 人数がいちばん多いのは，どの階級ですか。

④ _____ m 以上 ⑤ _____ m 未満

ポイント 広いはんいにちらばっている資料は，度数分布表に整理すると，特ちょうを調べやすくなります。

---

1 6年1組 20 人の通学にかかる時間は下のようになりました。

通学にかかる時間（分）

4	5	11	4	11	13	10	16	2	19
2	3	18	15	2	17	6	19	15	15

(1) 右の表を完成させなさい。

(2) 人数がいちばん多いのは，どの階級ですか。

_____ 以上 _____ 未満

通学にかかる時間

時間（分）	人数（人）
0 以上～　5 未満	
5　～10	
10　～15	
15　～20	
合　計	

2 6年生の男子25人の体重は下のようになりました。これについて，右の表を完成させなさい。

6年生男子の体重（kg）

36.5	38.7	39.5	42.8	40.2
38.1	36.2	36.4	33.3	38.2
34.8	35.8	32.1	44.8	40.9
39.3	43.4	38.5	41.3	34.0
41.4	38.0	37.2	43.2	44.5

6年生男子の体重

体重 (kg)	人数 (人)
32.0以上～34.0未満	
～	
～	
～	
～	
～	
44.0　～46.0	
合　計	25

3 右の表は，6年生の女子25人の50m走の記録です。

50m走の記録

時間 (秒)	人数 (人)
8.0以上～　8.5未満	5
8.5　～　9.0	7
9.0　～　9.5	㋐
9.5　～10.0	4
10.0　～10.5	3
合　計	25

(1) 表の㋐にあてはまる数を求めなさい。

(2) いちばん人数が多いのは，どの階級ですか。

　　　　　　　以上　　　　　　　未満

(3) 8.0秒以上8.5秒未満の人は全体の何%にあたりますか。

(4) 中央値は何秒以上何秒未満と考えられますか。

　　　　　　　以上　　　　　　　未満

資料の調べ方（3）

下の表は，ある月に北小屋のにわとりが産んだ全部の卵の重さを記録したものです。ちらばりのようすを表すグラフを完成させなさい。

北小屋の卵の重さ

重さ（g）	個数（個）
45 以上～ 50 未満	1
50 ～55	2
55 ～60	5
60 ～65	4
65 ～70	6
70 ～75	1
75 ～80	1

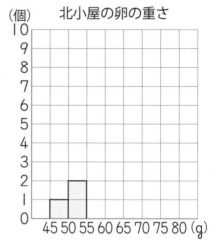

横軸は階級を表し，縦軸はその階級に入る個数を表しています。このようなグラフを柱状グラフまたはヒストグラムといいます。

 柱状グラフ（ヒストグラム）は横はばが等しい長方形をすき間なく並べたグラフです。

1 下の表は，南小屋のにわとりが産んだ全部の卵の重さを記録したものです。表から柱状グラフをかきなさい。

南小屋の卵の重さ

重さ（g）	個数（個）
45 以上～ 50 未満	3
50 ～55	5
55 ～60	4
60 ～65	4
65 ～70	1
70 ～75	3
75 ～80	0

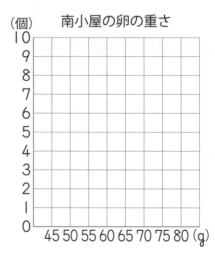

2 6年1組と6年2組が算数のテストを行いました。その結果を右のようにまとめました。

6年1組の算数のテストの結果

点数（点）	人数（人）
40 以上～ 50 未満	6
50 ～ 60	1
60 ～ 70	3
70 ～ 80	5
80 ～ 90	4
90 ～ 100	1
合 計	20

6年2組の算数のテストの結果
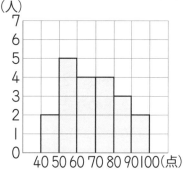

(1) 6年1組の表を見て柱状グラフを完成させなさい。

6年1組の算数のテストの結果
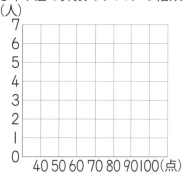

(2) 6年1組と6年2組で，いちばん人数が多いのは，それぞれどの階級ですか。

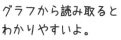

1組 [　　　] 以上 [　　　] 未満

2組 [　　　] 以上 [　　　] 未満

(3) 6年1組と6年2組で70点以上の人が多いのはどちらですか。

6年 [　　　]

(4) 次のうち，柱状グラフからわかるものを選び，記号で答えなさい。
　　㋐ 平均点
　　㋑ 50点以上60点未満の人数
　　㋒ 上から5番目の人の点数

[　　　]

25日 まとめテスト (5)

① 下の表は，20人の児童が計算テストをした結果を表したものです。得点の平均値を求めなさい。(4点)

計算テストの結果

得点(点)	0	1	2	3	4	5	6	7	8	9	10
人数(人)	3	2	3	2	1	2	1	1	0	1	4

② 6年A組と6年B組のソフトボール投げの記録は下のようになりました。

6年A組のソフトボール投げの記録

32	23	24	44	39	28	40	21	29	35
27	33	44	38	41	19	21	19	31	44

6年B組のソフトボール投げの記録

28	20	31	22	24	26	19	37	20	28
31	33	41	39	35	40	31	26	27	39

(1) 6年A組，6年B組の記録をドットプロットに表しなさい。(4点×2-8点)

15　20　25　30　35　40　45(m)
6年A組のソフトボール投げの記録

15　20　25　30　35　40　45(m)
6年B組のソフトボール投げの記録

(2) 6年A組，6年B組の記録の最頻値をそれぞれ求めなさい。(4点×2-8点)

A組 [　　　] , B組 [　　　]

(3) 6年A組，6年B組の記録の中央値をそれぞれ求めなさい。(4点×2-8点)

A組 [　　　] , B組 [　　　]

(4) 6年A組と6年B組のそれぞれで，いちばん記録の長い人といちばん記録の短い人の差を求めなさい。(4点×2-8点)

A組 [　　　] , B組 [　　　]

(5) 6年A組, 6年B組の記録をそれぞれ下の表に表しなさい。(8点×2−16点)

6年A組のソフトボール投げの記録

きょり（m）	人数（人）
15以上〜 20未満	
20 〜 25	
25 〜 30	
30 〜 35	
35 〜 40	
40 〜 45	
合 計	

6年B組のソフトボール投げの記録

きょり（m）	人数（人）
15以上〜 20未満	
20 〜 25	
25 〜 30	
30 〜 35	
35 〜 40	
40 〜 45	
合 計	

(6) 6年A組, 6年B組の記録をそれぞれ柱状グラフに表しなさい。(8点×2−16点)

6年A組のソフトボール投げの記録

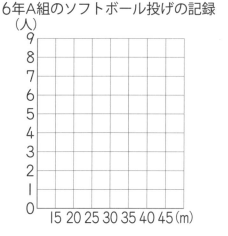

6年B組のソフトボール投げの記録

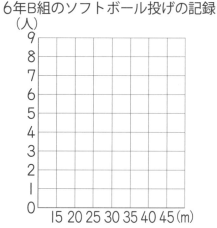

(7) 6年A組と6年B組で, いちばん人数が多い階級をそれぞれ答えなさい。

(8点×2−16点)

A組 ◻︎ 以上 ◻︎ 未満, B組 ◻︎ 以上 ◻︎ 未満

(8) 6年A組と6年B組で, 25m以上30m未満の人は, それぞれ全体の何％にあたりますか。(8点×2−16点)

A組 ◻︎ , B組 ◻︎

26日 変わり方を調べて（1）

ゆいさんの家から駅までの道のりは 3300m です。ゆいさんは家から駅に向かって分速 60m で，みきさんは駅からゆいさんの家に向かって分速 50m で同時に出発しました。2人が出会うのは出発してから何分後ですか。

ゆい　分速60m　　　　　分速50m　みき
家　　　　　　3300m　　　　　　駅

時間が 1 分，2 分，……とたつにつれて，2 人の歩いた道のりの合計は，下の表のように ［ ① ］ m ずつ増えていきます。

└─2 人の速さの和

歩いた時間（分）	0	1	2	3	…	
ゆいさんが歩いた道のり（m）	0	60	120	180	…	
みきさんが歩いた道のり（m）	0	50	100	150	…	
2 人の歩いた道のりの合計（m）	0	110	220	330	…	3300

2 人が出会うのは，2 人の歩いた道のりの合計が ［ ② ］ m になるときだから，

［ ② ］ ÷ ［ ① ］ ＝ ［ ③ ］（分後）

ポイント 2 人が向かい合って進むときは，2 人の速さの和を考えます。

1 まことさんの家から公園までの道のりは 1440m です。まことさんは分速 40m で家から公園に向かって，まことさんのお父さんは分速 80m で公園から家に向かって同時に歩き出します。

(1) 5 分後までの 2 人の歩いた道のりのようすを表した下の表を完成させなさい。

歩いた時間（分）	0	1	2	3	4	5
まことさんが歩いた道のり（m）	0	40				
お父さんが歩いた道のり（m）	0	80				
2 人の歩いた道のりの合計（m）	0					

(2) 2 人が出会うのは出発してから何分後ですか。

2 2700m ある池のまわりの道を、ともさんは分速 70m で、ちあきさんは分速 80m でジョギングします。2 人が同じ場所から,同時に反対の向きに出発します。2 人が出会うのは何分後ですか。

□

3 まなさんの家から図書館までの道のりは 1200m です。まなさんは分速 40m で歩きます。まなさんが家を出て図書館に向かうと同時に、まなさんの兄が図書館から家に向かって自転車で出発しました。2 人は出発してから 8 分後に出会いました。

(1) 兄の自転車の速さは分速何 m ですか。

□

(2) 2 人が出会ったのは、家から何 m のところですか。

□

(3) まなさんが家を出てから 15 分後に、兄が家に向かって自転車で出発すると、2 人が出会うのは、まなさんが家を出発してから何分後ですか。

□

27日　変わり方を調べて（2）

ひろしさんは分速 50m，兄は分速 60m で歩いて家から同じ学校に行きます。ひろしさんが家を出発してから 6 分後に兄が出発しました。

(1) 兄が出発するとき，ひろしさんは何 m 前にいますか。

分速 50m で先に 6 分進んでいるので，50×6=①□（m）前にいます。

(2) 兄がひろしさんに追いつくのは，兄が出発してから何分後ですか。

時間が 1 分，2 分，……とたつにつれて，2 人の間の道のりは，下の表のように②□ m ずつ縮まっていきます。
↳2 人の速さの差

兄 分速60m →　　　　ひろし 分速50m →
家 ⌣300m⌣

兄が歩いた時間（分）	0	1	2	3	…	
ひろしさんが歩いた道のり（m）	300	350	400	450	…	
兄が歩いた道のり（m）	0	60	120	180	…	
2 人の間の道のり（m）	300	290	280	270	…	0

兄がひろしさんに追いつくのは，2 人の間の道のりが 0m になるときだから，

①□ ÷ ②□ = ③□（分後）

ポイント 2 人が同じ方向に向かって進むときは，2 人の速さの差を考えます。

1 まさみさんは分速 60m，姉は分速 80m で歩いて，家から駅に行きます。まさみさんが家を出発してから，10 分後に姉が出発しました。

(1) 姉が出発するとき，まさみさんは何 m 前にいますか。

□

(2) 姉がまさみさんに追いつくのは，姉が出発してから何分後ですか。

□

2 家を出発して，1125m 先を歩いているこういちさんを，弟が自転車で追いかけました。こういちさんの速さは分速 75m，弟の速さは分速 200m です。

(1) 弟がこういちさんに追いつくのは，弟が出発してから何分後ですか。

（空欄）

(2) 弟がこういちさんに追いついた地点は家から何 m はなれていますか。

（空欄）

3 池のまわりにある 1 周 720m の道を，りなさんとゆりさんが歩きます。1 周するのに，りなさんは 8 分，ゆりさんは 9 分かかります。2 人は同時に同じ位置から同じ向きに歩き始めました。

(1) りなさんとゆりさんの歩く速さは，それぞれ分速何 m ですか。

りなさん （空欄） ，ゆりさん （空欄）

(2) りなさんがはじめてゆりさんを追いこすのは，歩き始めてから何分後ですか。

池のまわりの道の長さだけゆりさんが先にいると考えよう。

（空欄）

28日 変わり方を調べて（3）

1本80円のえん筆と1本120円のボールペンを合わせて15本買い，1480円はらいました。えん筆とボールペンをそれぞれ何本買いましたか。

15本すべて80円のえん筆を買ったとすると，代金は 80×15＝1200（円）

ここからえん筆とボールペンの本数を1本ずつ変えていくと，下の表のように

代金は ①□ 円ずつ増えていきます。

└── えん筆とボールペンの値段の差

えん筆の本数（本）	15	14	13	12	…	
ボールペンの本数（本）	0	1	2	3	…	
代金の合計（円）	1200	1240	1280	1320	…	1480

実際の代金の合計との差は，1480－1200＝②□（円）だから，代金の合計

が1480円になるときのボールペンの本数は，②□ ÷ ①□ ＝ ③□（本）

えん筆の本数は，15－③□＝④□（本）

ポイント すべて一方のみとしたときの合計と，実際の合計との差を1つずつの差でわると，もう一方の個数が求められます。

---

1 1個210円のシュークリームと1個350円のチーズケーキを合わせて12個買い，3640円はらいました。シュークリームとチーズケーキをそれぞれ何個買いましたか。12個すべてシュークリームを買ったときから，1個ずつチーズケーキの個数を増やしたときの代金の合計の変わり方を下の表を用いて考えなさい。

シュークリームの数（個）	12	11	10	9	8
チーズケーキの数（個）	0	1			
代金の合計					

シュークリーム □ ，チーズケーキ □

2　780 個のみかんがあります。15 個入りの箱と 24 個入りの箱につめたところ，合わせて 37 箱になりました。15 個入りの箱と 24 個入りの箱はそれぞれいくつですか。

15 個入り _____ ，24 個入り _____

3　1 個 240 円のりんごと 1 個 300 円のももを合わせて 14 個買い，5000 円札を出したところ，おつりが 1160 円でした。りんごとももをそれぞれ何個買いましたか。

りんご _____ ，もも _____

4　1 問正解すると 10 点もらえて，1 問まちがえると 3 点ひかれるクイズの問題を 50 問解きました。

(1) 50 問中 42 問正解したときの点数は何点ですか。

_____

(2) 点数が 344 点のとき，正解したのは何問ですか。

1 問正解するのとまちがえるのとでは何点ちがうかな。

_____

29日 全体を決めて

教室のそうじをするのに，まさるさんが1人ですると20分かかり，たつやさんが1人ですると30分かかります。

(1) そうじの量を20と30の最小公倍数の 60 として，まさるさん，たつやさんはそれぞれ1分で，どれだけのそうじができますか。□のついた数字で答えなさい。

まさるさんの1分あたりのそうじの量は， 60 ÷20＝ 3

たつやさんの1分あたりのそうじの量は， 60 ÷ ①□ ＝ ②□

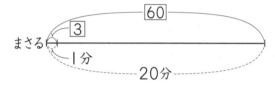

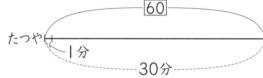

(2) まさるさんとたつやさんの2人でそうじをすると，何分で終わりますか。

まさるさんとたつやさんの2人でするときの，1分あたりのそうじの量は，

3 ＋ 2 ＝ 5 だから， 60 ÷ 5 ＝ ③□ （分）

> **ポイント**　仕事全体の量を時間の最小公倍数にして，1日あたりどれくらいの仕事をすることができるのかを考えます。

1 だいすけさん1人だと10日，さくらさん1人だと15日かかる仕事があります。

(1) 仕事の量を10と15の最小公倍数の 30 として，だいすけさん，さくらさんはそれぞれ1日で，どれだけの仕事ができますか。□のついた数字で答えなさい。

だいすけさん ＿＿＿＿＿， さくらさん ＿＿＿＿＿

(2) だいすけさんとさくらさんの2人でこの仕事をすると，何日かかりますか。

2 水そうをいっぱいにするのに，A管を使うと12分，B管を使うと20分かかります。A管とB管を同時に使うと，いっぱいにするのに何分何秒かかりますか。

[　　　　　　　]

3 ある仕事をするのに，さとみさん1人ですると60日かかり，さとみさんとしんやさんの2人ですると，15日かかります。

(1) 仕事の量を $\boxed{60}$ として，さとみさん1人でどれだけの仕事をすることができますか。□のついた数字で答えなさい。

[　　　　　]

(2) この仕事をしんやさん1人ですると，何日かかりますか。

[　　　　　]

4 3台の印刷機A，B，Cがあります。この3台それぞれを使って，ある枚数のプリントを印刷すると，Aだけだと24分，Bだけだと35分，Cだけだと40分かかります。印刷機A，B，Cの3台すべてを同時に使って印刷すると何分何秒かかりますか。

[　　　　　　　]

① 2160m ある池のまわりの道を, まことさんは分速 80m で, けいすけさんは分速 100m でジョギングします。(12点×2-24点)

(1) 2人は同じ場所から, 同時に反対の向きに出発します。2人が出会うのは出発してから何分後ですか。

(2) 2人は同じ場所から, 同時に同じ向きに出発します。けいすけさんがまことさんを追いこすのは出発してから何分後ですか。

② 3台の印刷機 A, B, C があります。この3台それぞれを使って, ある枚数のプリントを印刷すると, A だけだと 12分, B だけだと 20分, C だけだと 15分かかります。(12点×2-24点)

(1) 印刷機 A, B, C の3台すべてを同時に使って印刷すると何分かかりますか。

(2) 印刷機 A, B の2台を同時に使って印刷すると何分何秒かかりますか。

3 1個180円のキウイと1個250円のももを合わせて15個買い，5000円札を出したところ，おつりが1460円でした。キウイとももをそれぞれ何個買いましたか。(14点)

キウイ _____ ，もも _____

4 200個のキャンディーがあります。6個入りの箱と10個入りの箱につめたところ合わせて27箱になり，2個あまりました。6個入りの箱と10個入りの箱はそれぞれいくつですか。(14点)

6個入り _____ ，10個入り _____

5 水そうを満水にするのに，A管を使うと28分，B管を使うと21分かかります。

(12点×2－24点)

(1) A管とB管を同時に使うと，いっぱいにするのに何分かかりますか。

(2) はじめにA管とB管を同時に使って8分間水を入れ，その後，B管だけでいっぱいにします。全部で何分かかりますか。

➡解答は 82 ページ

月　日

進級テスト

時間 30分 【はやい25分・おそい35分】
合格 80点
得点　点

1 次の問いに答えなさい。(6点×2−12点)

(1) y は x に比例し，x が 5 のとき y は 2 でした。y を x の式で表しなさい。

(2) y は x に反比例し，x が 5 のとき y は 2 でした。y が 4 のとき x の値(あたい)を答えなさい。

2 A，B，C，D の 4 チームが総当たり戦で試合をします。全部で何試合になりますか。(6点)

3 [1][2][3][4][5] の 5 枚(まい)のカードから 3 枚を使って 3 けたの整数をつくります。(6点×2−12点)

(1) 全部で何通りの整数がつくれますか。

(2) 偶数(ぐうすう)は全部で何通りつくれますか。

4 １人前 850 円のラーメンと１人前 650 円のチャーハンを，７人でそれぞれどちらかを食べたときの代金は 5150 円でした。ラーメンとチャーハンをそれぞれ何人が食べましたか。(6点)

ラーメン ☐ , チャーハン ☐

5 ある水そうをいっぱいにするのに，Ａ管を使うと 12 分，Ｂ管を使うと 15 分かかります。次の問いに答えなさい。(6点×2−12点)

(1) Ａ管とＢ管を同時に使うと，いっぱいにするのに何分何秒かかりますか。

☐

(2) この水そうにはじめはＡ管だけで４分間水を入れ，その後Ａ管をとじ，Ｂ管だけで水を入れて水そうをいっぱいにしました。全部で何分かかりましたか。

☐

6 右の図のように円周上に６つの点があります。(6点×2−12点)

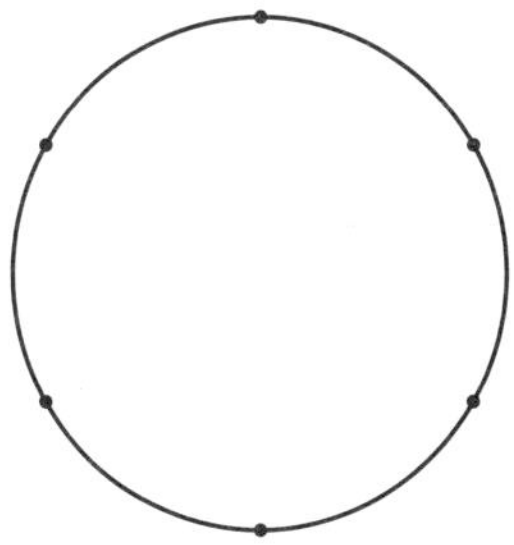

(1) ２つの点を結んで直線をひくと，何本ひけますか。

☐

(2) ３つの点を結んで三角形をつくると，何個できますか。

☐

7 次の展開図を組み立てた立体の体積を求めなさい。ただし，円周率は 3.14 とします。(8点×2-16点)

(1)

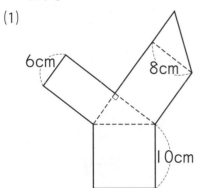

6cm
8cm
10cm

(2)

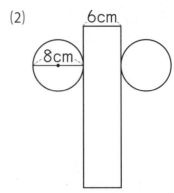

6cm
8cm

8 右のグラフは，北町から 6km はなれた南町へ，けんさんは歩いて，けんさんの兄は自転車で行ったときのようすを表しています。

(1) けんさんと兄の速さはそれぞれ分速何 m ですか。(4点×2-8点)

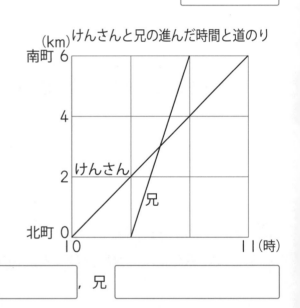

けんさんと兄の進んだ時間と道のり
(km)
南町 6
4
2 けんさん
兄
北町 0
10　　　　　　11(時)

けんさん [　　　　　　　] , 兄 [　　　　　　　]

(2) けんさんが兄に追いこされるのは何時何分ですか。(8点)

(3) けんさんが兄に追いこされた地点は，北町から何 km の場所ですか。(8点)

●1日 2～3ページ

①5　②15　③105　④8　⑤24　⑥288

1 (1)36cm³　(2)576cm³

2 (1)70cm³　(2)360cm³

3 (1)12cm　(2)5cm

4 (1)150cm³　(2)240cm³

解 き 方

1 (1)底面が三角形の三角柱で，底面積は，

3×4÷2=6（cm²）

高さは 6cm なので，体積は，

6×6=36（cm³）

(2)底面が台形の四角柱で，底面積は，

(4+12)×9÷2=72（cm²）

高さは 8cm なので，体積は，

72×8=576（cm³）

2 (1)底面が三角形の三角柱で，底面積は，

5×4÷2=10（cm²）

高さは 7cm なので，体積は，

10×7=70（cm³）

(2)底面が台形の四角柱で，底面積は，

(5+7)×5÷2=30（cm²）

高さは 12cm なので，体積は，

30×12=360（cm³）

3 (1)高さを□cm とおくと，15×□=180

これから，□=180÷15=12（cm）

(2)底面の三角形の底辺を□cm とおくと，

□×16÷2×9=360，□×16÷2=40，

□×16=80，これから，□=5（cm）

4 (1)底面が台形の四角柱になります。

(2+8)×2÷2×15=150（cm³）

(2)底面が直角三角形の三角柱になります。

6×8÷2×10=240（cm³）

●2日 4～5ページ

①16　②50.24　③502.4　④3.14　⑤15.7

1 (1)628cm³　(2)254.34cm³

2 アの方が 91.06cm³ 大きい

3 (1)6cm　(2)7cm

4 (1)197.82cm³　(2)351.68cm³

解 き 方

1 (1)円柱の体積は，底面積×高さ で求めます。

円柱の底面積は 5×5×3.14=78.5（cm²）なので，体積は，78.5×8=628（cm³）

(2)円柱が横になっています。

底面積は 3×3×3.14=28.26（cm²）なので，体積は，28.26×9=254.34（cm³）

2 アの円柱の体積は，

6×6×3.14×14=1582.56（cm³）

イの円柱の体積は，

5×5×3.14×19=1491.5（cm³）

よって，アの方が

1582.56−1491.5=91.06（cm³）大きい。

◀チェックポイント▶　×3.14 の計算は，次のように最後にまとめて計算すると，まちがいも少なく，簡単に求めることができます。

アの円柱の体積は，

6×6×3.14×14=504×3.14（cm³）

イの円柱の体積は，

5×5×3.14×19=475×3.14（cm³）

より，アの体積の方がイの体積より，

(504−475)×3.14=29×3.14

=91.06（cm³）

だけ大きい。

3 (1)底面積は，体積÷高さ で求められるから，

565.2÷5=113.04（cm²）

これを 3.14 でわると 半径×半径 が求められるから，113.04÷3.14=36=6×6

よって，底面の半径は 6cm になります。

(2)底面の円周が 18.84cm なので，直径は，

18.84÷3.14=6（cm）

よって，半径は 3cm になるから底面積は，

$3×3×3.14=28.26(cm^2)$

これから, 高さは, $197.82÷28.26=7(cm)$

4 (1)底面の半径が 3cm, 高さが 7cm の円柱に
なります。体積は,

$3×3×3.14×7=197.82(cm^3)$

(2)底面の半径は,

$25.12÷3.14÷2=4(cm)$

高さは 7cm なので, 体積は,

$4×4×3.14×7=351.68(cm^3)$

は, $15×5=75(cm^3)$

(3)底面が半円の柱体の体積から, 直方体の体積を
ひいて求めます。

$6×6×3.14÷2×12-2×2×4=678.24-16$
$=662.24(cm^3)$

(4)2 つの円柱の体積をたして求めます。

$6×6×3.14×8+2×2×3.14×3$
$=288×3.14+12×3.14$
$=(288+12)×3.14=300×3.14$
$=942(cm^3)$

● 3日 6〜7ページ

①6　②120　③1200　④7　⑤8　⑥490
⑦634

1 (1)162cm³　(2)336cm³

2 (1)703.36cm³　(2)175.84cm³

3 (1)186cm³　(2)75cm³

(3)662.24cm³　(4)942cm³

解き方

1 (1)右側の面を底面と見ると, 高さは 6cm にな
ります。底面積は,

$(3+3)×(3+3)-3×3=27(cm^2)$

高さが 6cm なので, 体積は,

$27×6=162(cm^3)$

(2)手前の面を底面と見ると, 高さは 6cm になり
ます。底面積は, $6×12-4×4=56(cm^2)$
体積は, $56×6=336(cm^3)$

2 (1)底面は大きい円から小さい円をひいたものに
なります。底面積は

$6×6×3.14-2×2×3.14$
$=(6×6-2×2)×3.14=100.48(cm^2)$

高さが 7cm なので, 体積は,

$100.48×7=703.36(cm^3)$

(2)底面積は,

$4×4×3.14÷2=8×3.14=25.12(cm^2)$

求める体積は,

$25.12×7=175.84(cm^3)$

3 (1)底面積は,

$5×5+3×4÷2=25+6=31(cm^2)$ なので,
体積は, $31×6=186(cm^3)$

(2)底面積は, $4×4-1=15(cm^2)$ なので, 体積

● 4日 8〜9ページ

①42　②21　③50　④7　⑤42　⑥49.5

1 (1)およそ 650m²　(2)およそ 625m²

2 (1)およそ 103.25m²　(2)およそ 104m²

3 およそ 9161.12cm³

解き方

1 (1)右の図の▨の数が
14 個, ▢の数が 24
個なので, およその面
積は, 方眼の数で
$14+24÷2=26(個)$

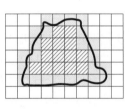

になります。方眼 1 ますが, $5×5=25(m^2)$
なので, $25×26=650(m^2)$

(2)$(15+35)×25÷2=50×25÷2=625(m^2)$

2 (1)$(6+10)×8÷2+5×5×3.14÷2$
$=16×8÷2+78.5÷2$
$=64+39.25=103.25(m^2)$

(2)$(6+10)×13÷2=16×13÷2=104(m^2)$

3 各部分に分けて計算し, 最後にたします。

㋐の体積は

$16×16×3.14×8=6430.72(cm^3)$

㋑の体積は $3×3×3.14×40=1130.4(cm^3)$

㋒の体積は $20×20×4=1600(cm^3)$

よって, $6430.72+1130.4+1600$
$=9161.12(cm^3)$

●5日 10～11ページ

① (1)120cm³　(2)168cm³
(3)1017.36cm³　(4)368cm³
(5)376.8cm³　(6)861.3cm³

② 128cm³

③ (1)9cm　(2)10cm

④ (1)252cm³　(2)1846.32cm³

⑤ およそ21km²

解き方

① (1)底面が台形の四角柱で，底面積は，
$(4+6)×3÷2=15$（cm²）
なので，体積は，$15×8=120$（cm³）

(2)底面が直角三角形の三角柱で，底面積は，
$8×6÷2=24$（cm²）
なので，体積は，$24×7=168$（cm³）

(3)円柱で，底面積は，
$6×6×3.14=113.04$（cm²）
なので，体積は，
$113.04×9=1017.36$（cm³）

(4)底面積を，$8×8-6×3=64-18=46$（cm²）
と考えると高さは 8cm なので，
体積は，$46×8=368$（cm³）

(5)円柱を半分にした立体なので，底面積は，
$4×4×3.14÷2=25.12$（cm²）
なので，体積は，$25.12×15=376.8$（cm³）

(6)底面積は台形と半円の面積をたしたもので，
$(6+12)×8÷2+3×3×3.14÷2$
$=18×8÷2+9×3.14÷2$
$=72+14.13=86.13$（cm²）
なので，体積は，$86.13×10=861.3$（cm³）

② 小さい方の立体は三角柱で，底面積は，
$6×8÷2=24$（cm²）
体積は，$24×8=192$（cm³）
大きい方の立体は底面が台形の四角柱で，底面
積は，$(2+8)×8÷2=40$（cm²）
体積は，$40×8=320$（cm³）
よって，$320-192=128$（cm³）

別解 2 つの立体は高さが共通なので，体積
の差は 底面積の差×高さ で求めることもでき
ます。三角柱の底面積は，$6×8÷2=24$（cm²）
四角柱の底面積は，$(2+8)×8÷2=40$（cm²）

よって，体積の差は，
$(40-24)×8=128$（cm³）

③ (1)底面積は，$4×3÷2=6$（cm²）で，体積が
54cm³ なので，高さは，
$54÷6=9$（cm）

(2)底面積は $628÷8=78.5$（cm²）になります。
$78.5÷3.14=25=5×5$ なので，底面の半径
は 5cm になり，直径は 10cm になります。

④ (1)底面が直角三角形の三角柱になります。
底面積は，$8×7÷2=28$（cm²）
体積は，$28×9=252$（cm³）

(2)円柱になります。底面の円周が 43.96cm な
ので，底面の半径は
$43.96÷3.14÷2=14÷2=7$（cm）
底面積は，
$7×7×3.14=49×3.14=153.86$（cm²）
体積は，$153.86×12=1846.32$（cm³）

⑤ 右の図で⬚（斜線）の数は 4 個，
⬚（白）の数は 34 個あります。
⬚（白）は 2 個で⬚（斜線）の 1 個分
と考えます。方眼 1 ます
の面積は 1km² なので，
求める面積は，
$1×(4+34÷2)$
$=21$（km²）

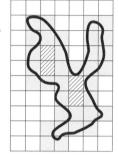

より，およそ 21km² になります。

●6日 12～13ページ

①10　②20　③35　④40　⑤3　⑥$\frac{1}{2}$　⑦$\frac{1}{2}$

⑧比例します

1 (1)左から順に 2, 4, 6, 8, 10
(2)比例します

2 (1)①左から順に 8, 9, 10, 11
②左から順に 6, 9, 12, 15
③左から順に 400, 300, 200, 100, 0
(2)②

3 (1)

x	3	4	5	6	7	8
y	6	8	10	12	14	16

解答

(2)

x	2	4	6	8	10	12
y	3	6	9	12	15	18

解き方

1 (1)三角形の面積=底辺×高さ÷2 より,

$1×4÷2$, $2×4÷2$, …と計算します。

(2)一方が 2 倍, 3 倍, …になると, 他方も 2 倍, 3 倍, …になっているので, 比例します。

2 (1)①弟が 2 才のとき兄は $2+6=8$(才)

弟が 3 才のとき兄は $3+6=9$(才)

と求めます。

②2 分間でたまる水の量は $3×2=6$(L)

3 分間でたまる水の量は $3×3=9$(L)

と求めます。

③代金が 100 円のときのおつりは

$500-100=400$(円)

代金が 200 円のときのおつりは

$500-200=300$(円)

と求めます。

(2)一方が 2 倍, 3 倍, …になると, 他方も 2 倍, 3 倍, …になるのは, ②

3 一方が□倍になると, 他方も□倍になる性質を利用します。

(1)$x=5$ のとき $y=10$ だから,

$x=3$ のとき $y=10×\dfrac{3}{5}=6$

$x=6$ のとき $y=10×\dfrac{6}{5}=12$

$y=16$ のとき $x=5×\dfrac{16}{10}=8$

というように求めることができます。

(2)$x=8$ のとき $y=12$ だから,

$x=2$ のとき $y=12×\dfrac{2}{8}=3$

$y=6$ のとき $x=8×\dfrac{6}{12}=4$

というように求めることができます。

●**7日 14〜15ページ**

①4　②$4×x$　③8　④32

1 (1)$y=5×x$　(2)45cm³　(3)11cm

2 ⑦, ⑦, ⑨

3 (1)$y=\dfrac{3}{4}×x$　(2)12

(3)$\dfrac{21}{10}$ $\left(2.1, 2\dfrac{1}{10}\right)$

4 (1)806km　(2)20L

解き方

1 (1)体積=底面積×高さ になるので, $y=5×x$

(2)(1)の式の x に 9 をあてはめて,

$y=5×9=45$(cm³)

(3)(1)の式の y に 55 をあてはめて, $55=5×x$

だから, $x=55÷5=11$(cm)

2 それぞれ y を x の式で表すと,

⑦ $y=6×x$　⑦ $y=210×x$

⑨ $y=20-x$　⑨ $y=250×x$

よって, y が x に比例しているのは⑦, ⑦, ⑨

3 (1)$y÷x=\dfrac{3}{4}$ だから, $y=\dfrac{3}{4}×x$

(2)$y÷x=\dfrac{4}{3}$ だから, $y=\dfrac{4}{3}×x$

x が 9 のとき $y=\dfrac{4}{3}×9=12$

別解 x が $9÷6=\dfrac{3}{2}$(倍) になっているので,

y も $\dfrac{3}{2}$ 倍して $8×\dfrac{3}{2}=12$

(3)$y÷x=\dfrac{10}{7}$ だから, $y=\dfrac{10}{7}×x$

y が 3 のとき $3=\dfrac{10}{7}×x$ だから,

$x=3÷\dfrac{10}{7}=\dfrac{21}{10}$

別解 y が $3÷10=\dfrac{3}{10}$(倍) になっている

ので, x も $\dfrac{3}{10}$ 倍して, $7×\dfrac{3}{10}=\dfrac{21}{10}$

4 (1)1 L で走る道のりは, $155÷5=31$(km)

26 L で走る道のりは, 1 L で走る道のりの 26 倍だから, $31×26=806$(km)

別解 ガソリンは $26÷5=\dfrac{26}{5}$(倍) なので,

走る道のりも $\dfrac{26}{5}$ 倍になり，

$$155 \times \dfrac{26}{5} = 806 \text{(km)}$$

(2)往復の道のりは，$310 \times 2 = 620$(km)

　　1L で走る道のりは 31km だから，

　　$620 \div 31 = 20$(L)

　　別解　5L で走る道のりが 155km から，

　　$620 \div 155 = 4$(倍) になっているので，ガソ

　　リンも 4 倍になり，$5 \times 4 = 20$(L)

●8日 16〜17ページ

①40　②80　③160　④200　⑤280　⑥直線

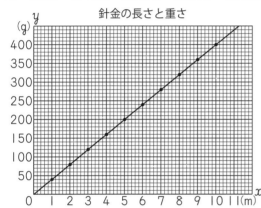

針金の長さと重さ

1 (1)$y = 24 \times x$

　(2)左から順に 48，72，96，120，144，

　　168，192，216

　(3)

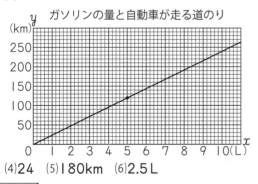

ガソリンの量と自動車が走る道のり

　(4)24　(5)180km　(6)2.5L

解き方

1 (1)走る道のり＝1L で走る道のり×ガソリンの
　　量

　(2)(1)の式 $y = 24 \times x$ に x のそれぞれの数をあ
　　てはめて y の数を求めます。

(3)(2)の表をもとに点をとり，それらを直線で結
　びます。

> **チェックポイント**　比例を表すグラフは 0 を通
> る直線になることを確かめましょう。

(4)表やグラフから x の値が 1 増えると y の値は
　24 増えていることがわかります。この数は，
　(1)の式での決まった数と等しくなります。また，
　$x = 1$ のときの y の値とも等しくなります。

(5)(1)の式の x に 7.5 をあてはめます。

　$y = 24 \times 7.5 = 180$(km)

(6)(1)の式の y に 60 をあてはめます。

　$60 = 24 \times x$　$x = 60 \div 24 = 2.5$(L)

●9日 18〜19ページ

①1500　②150　③1000　④100　⑤4

⑥3000　⑦1000

1 (1)自動車…時速 80km，バイク…時速 60km

　(2)120km　(3)1 時間 20 分　(4)30 分

　(5)10km

解き方

1 (1)グラフから 1 時間後の道のりを見ると，自
　　動車は時速 80km，バイクは時速 60km とわ
　　かります。

　(2)1 時間 30 分＝1.5 時間

　　自動車が 1.5 時間に進んだ道のりをグラフか
　　ら読み取ると 120km とわかります。

　(3)バイクが 80km 地点を通過したのは，グラフ

　　から $1\dfrac{1}{3}$ 時間とわかります。

　　$1\dfrac{1}{3}$ 時間＝1 時間 20 分 です。

　(4)120km 地点を通過したのは，自動車は出発し
　　てから 1.5 時間後で，バイクは出発してから
　　2 時間後になるので，その差は 30 分になりま
　　す。

　(5)グラフからは読み取りにくいので，(1)の答えか
　　ら計算します。

　　$(80 - 60) \times 0.5 = 10$(km)

① (1)⑦…90, ⑦…120, ⑦…150

(2)$y=30×x$

(3)
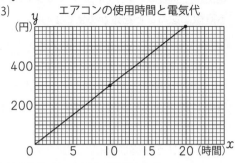

(4)1050 円　(5)66 時間 40 分

② 10m

③ (1)⑦…3L, ⑦…2L　(2)5L　(3)9 分後

(4)6 分

| 解き方 |

① (1)使用時間を 30 倍すると電気代になります。

(2)(1)から $y=30×x$

(4)(2)の式の x に 35 をあてはめると, 電気代は

30×35＝1050(円) になります。

(5)(2)の式の y に 2000 をあてはめると,

$2000=30×x$

$x=\dfrac{200}{3}=66\dfrac{2}{3}$（時間）

$66\dfrac{2}{3}$ 時間 ＝66 時間 40 分になります。

② 棒の長さとかげの長さは比例します。

かげの長さが, $6÷0.9=6÷\dfrac{9}{10}=\dfrac{20}{3}$（倍）

なので, 木の高さは,

$1.5×\dfrac{20}{3}=\dfrac{15}{10}×\dfrac{20}{3}=10$(m)

別解 $1.5÷0.9=\dfrac{15}{10}÷\dfrac{9}{10}=\dfrac{5}{3}$ より, 6m

を $\dfrac{5}{3}$ 倍して, $6×\dfrac{5}{3}=10$(m)

③ (1)⑦は 10 分間で 30L なので, 1 分間では,

30÷10=3（L）

⑦は 10 分間で 20L なので, 1 分間では,

20÷10=2（L）

(2)グラフより, 5 分後の差は 5L

(3)(1)より, 1 分間で入れる水の量の差が 1L に

なるから, 差が 9L になるのは 9 分後になり

ます。

(4)2 つの水道せんを同時に開くと, 合計で 1 分

間に 3+2=5（L）入ることになります。全体

で 30L なので, 30÷5=6（分）でいっぱい

になります。

①8　②4.8　③4　④$\dfrac{1}{2}$　⑤$\dfrac{1}{3}$　⑥3　⑦$\dfrac{1}{2}$

⑧$\dfrac{1}{3}$　⑨反比例します

1 (1)左から順に 36, 18, 12, 9, 7.2, 6

(2)反比例

2 (1)①左から順に 7.5, 6, 5, 4.5

②左から順に 100, 200, 300, 400, 500

③左から順に 12, 6, 4, 3, 2.4, 2

(2)①, ③

3 (1)

x	1	2	4	6	10	12
y	48	24	12	8	4.8	4

(2)

x	3	6	9	12	18	54
y	18	9	6	4.5	3	1

| 解き方 |

1 (1)36÷1, 36÷2, …と順に計算します。

(2)縦の長さが 2 倍, 3 倍, …になると, 横の長

さは $\dfrac{1}{2}$ 倍, $\dfrac{1}{3}$ 倍, …になっているので, 反

比例です。

2 (1)①450÷60, 450÷75, …と計算します。

②50×2, 50×4, …と計算します。

③120÷10, 120÷20, …と計算します。

(2)一方が 2 倍, 3 倍, …になると, 他方は $\dfrac{1}{2}$ 倍,

$\dfrac{1}{3}$ 倍, …になるのは, ①と③

3 一方が 2 倍, 3 倍, …になると, 他方は $\dfrac{1}{2}$ 倍,

$\dfrac{1}{3}$ 倍, …になる性質を利用します。

(1)$x=4$ のとき $y=12$ だから,

$x=1$ のとき $y=12×4=48$

$x=2$ のとき $y=12×2=24$

$y=8$ のとき $x=4×\dfrac{12}{8}=6$

と求められます。

(2)$x=6$ のとき $y=9$ だから,

$x=3$ のとき $y=9×2=18$

$x=12$ のとき $y=9×\dfrac{1}{2}=4.5$

$y=1$ のとき $x=6×9=54$

$y=6$ のとき $x=6×\dfrac{9}{6}=9$

と求められます。

● **12日 24～25ページ**

①120　②120÷x　③8　④15

1　(1)$y=30÷x$　(2)2分30秒

2　⑦, ㋐

3　(1)$\dfrac{5}{2}$ $\left(2.5,\ 2\dfrac{1}{2}\right)$　(2)$\dfrac{48}{5}$ $\left(9.6,\ 9\dfrac{3}{5}\right)$

4　(1)3回転　(2)20

解き方

1　(1)x と y の積は 30 で一定なので, $y=30÷x$

(2) (1)の式の x に 12 をあてはめると,

$y=30÷12=2.5$(分)　2.5分＝2分30秒

2　それぞれ y を x の式で表すと,

㋐ $y=12÷x$　㋑ $y=85×x$

㋒ $y=70×x$　㋓ $y=500÷x$

よって, 反比例しているのは㋐, ㋓

3　(1)$y=15÷x$ だから, $y=15÷6=\dfrac{5}{2}$(2.5)

(2)$y=48÷x$ だから, $5=48÷x$

よって, $x=48÷5=\dfrac{48}{5}$(9.6)

4　かみ合って回転する2つの歯車では, 歯数と回転数は反比例します。

(1)Bの歯数はAの歯数の $20÷30=\dfrac{2}{3}$(倍) な

ので, Bの回転数はAの回転数の $\dfrac{3}{2}$ 倍になり,

$2×\dfrac{3}{2}=3$(回転)

(2)Aの回転数はBの回転数の $3÷4=\dfrac{3}{4}$(倍) な

ので, Aの歯数はBの歯数の $\dfrac{4}{3}$ 倍で,

$15×\dfrac{4}{3}=20$

別解　(1)歯数×回転数 は一定なので,

Aの歯数×Aの回転数＝Bの歯数×Bの回転数

という式がなりたちます。

Bの回転数を x とすると,

$30×2=20×x$　$60=20×x$

$x=60÷20=3$

(2)Aの歯車の歯数を x とすると,

$x×3=15×4$　$x×3=60$　$x=60÷3=20$

● **13日 26～27ページ**

①24÷x　②2.4　③16　④1.5

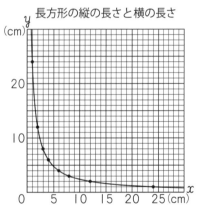

1　(1)$y=18÷x$

(2)

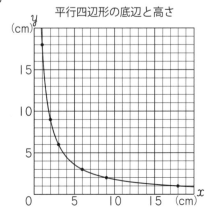

2 (1)$y=36÷x$

(2)左から順に 36, 18, 12, 9, 6, 4, 3, 2, 1

(3)
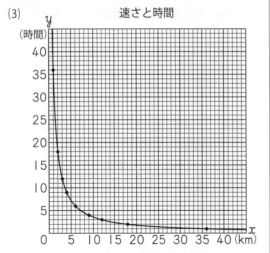
速さと時間

解 き 方

1 (1)$x×y=18$ なので, $y=18÷x$

(2)表をもとに点をとり, なめらかな曲線で結びます。

チェックポイント 反比例のグラフは直線ではなくなめらかな曲線になります。また, 縦軸や横軸と交わらず, 0の点も通りません。

2 (1)時間＝道のり÷速さ だから, $y=36÷x$

(2)$y=36÷1=36$, $y=36÷2=18$, …と順に求めます。

(3)表をもとに点をとり, なめらかな曲線で結びます。

● **14日 28～29ページ**

①10000 ②500 ③6000 ④600 ⑤5
⑥39

1 (1)分速 300m (2)10分 (3)分速 250m

(4)2 時 58 分

解 き 方

1 (1)3km の道のりを 10 分で進むので,
3000÷10=300（m） より, 分速 300 m

(2)グラフより 2 時 10 分から 2 時 20 分まで休んでいることがわかります。

(3)5km を 20 分で進むので,
5000÷20=250（m） より, 分速 250 m

(4)(3)より分速 250m で 2km=2000m 進むには, 2000÷250=8（分） かかります。2 時 50 分から 8 分後に公園を通り過ぎるので, 2 時 58 分になります。

● **15日 30～31ページ**

① (1)$y=48÷x$

(2)左から順に 48, 24, 16, 12, 8, 6, 4, 3, 2, 1

(3)
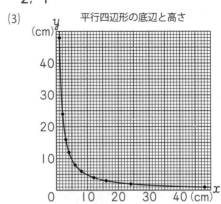
平行四辺形の底辺と高さ

② (1)$y=24÷x$ (2)5.6

③ (1)30 (2)60

④ (1)時速 30km (2)9 時 10 分

解 き 方

① (1)$x×y=48$ なので, $y=48÷x$ になります。

(2) (1)の式の x に値をあてはめて, 表は左から, 48÷1, 48÷2, 48÷3, …と計算します。

(3)表をもとに点をとり, なめらかな曲線で結びます。

② (1)$x×y=24$ なので, $y=24÷x$

(2)$x×y=28$ なので, y に 5 をあてはめて, $x=28÷5=5.6$

③ (1)かみ合っている 2 つの歯車では, 歯数と回転数は反比例します。B の歯車の回転数は A の歯車の回転数の $4÷6=\frac{2}{3}$（倍） だから, B の歯車の歯数は A の歯車の歯数の $\frac{3}{2}$ 倍で,

$20×\frac{3}{2}=30$

(2) (1)と同じように考えて，Cの歯車の歯数は
30×2=60

4 (1)グラフより，1時間で30km進んでいるので，時速30km
(2)2つのグラフが2回目に交わっている点であり，9時10分。

●16日 32～33ページ

①6 ②4 ③24

1 6通り
2 24通り
3 (1)6通り (2)18通り
4 10通り
5 12通り

解き方

1 左（百の位）から順に決めていきます。重なりやもれがないように注意しましょう。

百の位	十の位	一の位
1	2	3
	3	2
2	1	3
	3	1
3	1	2
	2	1

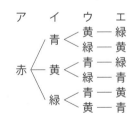

別解 百の位は[1]，[2]，[3]の3枚から1枚を選ぶ3通り。十の位は残りの2枚から1枚を選ぶ2通り。一の位は残り1枚で1通りだから，
3×2×1=6(通り)

2 いちばん左のアを赤にしたときの樹形図をかくと，6通りになります。アが青，黄，緑のときも同じように6通りになるので，全部で 6×4=24(通り)
になります。

ア	イ	ウ	エ
赤	青	黄	緑
		緑	黄
	黄	青	緑
		緑	青
	緑	青	黄
		黄	青

別解 **1** の別解と同じように考えると，アは4通り，イは3通り，ウは2通り，エは1通りだから，
4×3×2×1=24(通り)

3 (1)樹形図をかいて考えます。

千の位	百の位	十の位	一の位
1	0	2	3
		3	2
	2	0	3
		3	0
	3	0	2
		2	0

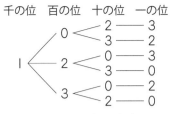

これより6通りになります。
(2)いちばん左の千の位が2，3のときも同じように6通りになるので，全部で 6×3=18(通り)
になります。

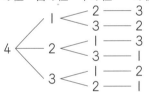

チェックポイント いちばん左の千の位が0だと4けたの整数にならないので，0のときは考えません。

4 3200より大きい整数なので，いちばん左の千の位の数が3のときと4のときについて考えます。千の位が3のとき，下の図より4通り。

千の位	百の位	十の位	一の位
3	2	1	4
		4	1
	4	1	2
		2	1

千の位が4のとき，下の図より6通り。

千の位	百の位	十の位	一の位
4	1	2	3
		3	2
	2	1	3
		3	1
	3	1	2
		2	1

全部で，4+6=10(通り)

5 いちばん左がAのとき，下の図のようになるので2通り。

A — B — C — D
A — B — D — C

いちばん左がBのときも同じように2通り。
いちばん左がCのとき下の図のように4通り。

C — A — B — D
C — B — A — D
C — D — A — B
C — D — B — A

いちばん左がDのときも同じように4通りとなるので，全部で 2+2+4+4=12(通り)
別解 AとBの2人を1組で1人として考えると，(A，B)とC，Dの3人の並び方を考えて，
3×2×1=6(通り)

A, Bの2人の並び方は, A−B, B−Aの2通りあるので,
6×2=12(通り)

●17日 34〜35ページ

①21　②23　③31　④32　⑤6

1 6通り
2 12通り
3 24通り
4 18通り
5 8通り
6 5通り

解き方

1 右のように樹形図をかいて、もれや重なりがないように数えます。

2 樹形図に表すと下のようになります。

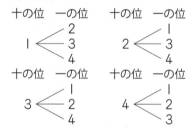

全部で、3×4=12(通り)

3 アが赤のとき、樹形図に表すと下のようになります。

```
  ア  イ  ウ
        青 < 黄
            緑
  赤 —  黄 < 青
            緑
        緑 < 青
            黄
```

アが青のとき、黄のとき、緑のときも同じように6通りになるので、全部で、
6×4=24(通り)

4 いちばん左の百の位に0がくると3けたの整数にならないことに注意します。
102, 103, 120, 123, 130, 132,
201, 203, 210, 213, 230, 231,
301, 302, 310, 312, 320, 321の
18通り。

別解　百の位は[0]以外の3枚から1枚を選ぶので3通り。
十の位は[0]をふくむ残りの3枚から1枚を選ぶので3通り。
一の位は残りの2枚から1枚を選ぶので2通り。
よって、3×3×2=18(通り)

5 表と裏の出方を樹形図に表すと、下のようになります。

全部で、8通り。

6 出た目の和が8になるのは、右の図より、5通り。

```
1回目  2回目
  2 —— 6
  3 —— 5
  4 —— 4
  5 —— 3
  6 —— 2
```

●18日 36〜37ページ

①6

1 (1)10通り　(2)4通り
2 6試合
3 (1)(A, B), (A, C), (A, D), (A, E), (A, F)
　(2)(B, C), (B, D), (B, E), (B, F)
　(3)15通り
4 10通り

解き方

1 重なりやもれがないように表を完成させるとそれぞれ下のようになります。

(1)

A	○	○	○	○						
B	○				○	○	○			
C		○			○			○	○	
D			○			○		○		○
E				○			○		○	○

(2)

A	○	○		○		
B	○	○			○	
C	○					
D		○	○	○		

チェックポイント 右の表のように，選ばない色えん筆を決めれば，3本の色えん筆を選ぶことになるという考え方もあります。

				×
A				×
B			×	
C		×		
D	×			

2 4チームから2チーム選ぶ組み合わせの数を求めます。4チームの組み合わせの表をつくると下のようになります。よって，6通り。

A	○	○	○			
B	○			○	○	
C		○		○		○
D			○		○	○

別解 右の図のように，A，B，C，Dを頂点とする四角形の辺と対角線の数を数えて求めます。辺と対角線の数は6本なので，6通り。

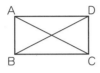

3 (3) (1)，(2)のように順に数えていくと，全部で，5＋4＋3＋2＋1＝15(通り) となります。

チェックポイント 6人から2人を選んで並べるとき，6×5＝30(通り) になります。これは，例えばAとBの2人について，A−BとB−Aを2通りとして数えていますが，組み合わせではこれらは同じ1通りです。したがって，30÷2＝15(通り) が組み合わせの数になります。

4 重なりがないようにします。(A, B, C)，(A, C, B)，(B, A, C)，(B, C, A)，(C, A, B)，(C, B, A) は，すべて同じであることに注意して書き出します。
(A, B, C)，(A, B, D)，(A, B, E)，(A, C, D)，(A, C, E)，(A, D, E)，(B, C, D)，(B, C, E)，(B, D, E)，(C, D, E) の10通り。

チェックポイント アルファベットの順に書き出すと決めておけば，もれや重なりなど，混乱することなく書き出すことができます。

● 19日 38～39ページ
① 青 ② 黒 ③ 黒 ④ 6 ⑤ 7
1 5通り
2 10通り
3 51円，101円，150円，501円，550円，600円
4 7円，11円，12円，16円，20円，21円，25円
5 7通り
6 (1) 10本 (2) 10個

解き方

1 (青, 白)，(青, 黒)，(白, 白)，(白, 黒)，(黒, 黒) の5通り。

2 取り出した玉が3個とも同じ色になる組み合わせは，(赤, 赤, 赤)，(黄, 黄, 黄)，(青, 青, 青) の3通り。
取り出した玉が3個ともちがう色になる組み合わせは，(赤, 黄, 青) の1通り。
取り出した玉のうち2個が同じ色になる組み合わせは，
(赤, 赤, 黄)，(赤, 赤, 青)，(黄, 黄, 赤)，(黄, 黄, 青)，(青, 青, 赤)，(青, 青, 黄) の6通り。
全部で，3＋1＋6＝10(通り)

3 できる組み合わせは，
(1, 50)，(1, 100)，(1, 500)，(50, 100)，(50, 500)，(100, 500)
なので，それぞれを合計して金額を答えます。

4 できる組み合わせは，(1, 1, 5)，(1, 1, 10)，(1, 5, 5)，(1, 5, 10)，(1, 10, 10)，(5, 5, 10)，(5, 10, 10)
なので，それぞれを合計して金額を答えます。

5 3g，5g，7g，8g(3g＋5g)，10g(3g＋7g)，12g(5g＋7g)，15g(3g＋5g＋7g)
の7通り。

6 5つの点を A，B，C，D，E とします。
(1) 直線の数は5つの点から2つの点を選ぶ選び方を考えます。2つの点の選び方は，
(A, B)，(A, C)，(A, D)，(A, E)，(B, C)，(B, D)，(B, E)，(C, D)，(C, E)，(D, E)，
の10通りなので，直線の数は10本。

(2)三角形をつくる３つの点を選ぶ選び方は，選ばない２点を決めればよいから，(1)より１０通り。よって，三角形の数は１０個。

● **20日 40～41ページ**
① 24通り
② 12通り
③ 10通り
④ (1)16通り
　 (2)6通り
⑤ 9通り
⑥ 10通り
⑦ 10通り
⑧ (1)1gと2gと4g
　 (2)15通り

解き方

① １番目がけんさんのとき，残り３人の順番は６通り。１番目がともやさん，あきらさん，さとるさんでも同じように６通りあるので，
6×4＝24(通り)

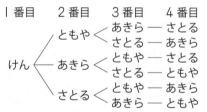

② ４人をA，B，C，Dとして，Aが委員長となるときの樹形図は右のようになり３通り。他の３人が委員長のときも，それぞれ３通りなので，
3×4＝12(通り)

③ ５人をA，B，C，D，Eとして，日直を○で表した表は，下のようになります。

A	○	○	○	○						
B	○				○	○	○			
C		○			○			○	○	
D			○			○		○		○
E				○			○		○	○

全部で１０通り。

④ (1)十の位が０だと２けたの整数にならないことに注意します。
10, 12, 13, 14, 20, 21, 23, 24, 30, 31, 32, 34, 40, 41, 42, 43 の16通り。
(2)奇数は一の位が１か３だから，13, 21, 23, 31, 41, 43の6通り。

⑤ あやかさんがグーを出したときは，ゆみさんの出し方はグー，チョキ，パーの３通り。
あやかさんがチョキ，パーを出したときも同じようにゆみさんの出し方は３通りあるので，
3×3＝9(通り)

⑥ 出た目の和が５になるのは，
(1, 4), (2, 3), (3, 2), (4, 1) の４通り。
出た目の和が４になるのは，
(1, 3), (2, 2), (3, 1) の３通り。
出た目の和が３になるのは，
(1, 2), (2, 1) の２通り。
出た目の和が２になるのは，(1, 1) の１通り。
全部で，4+3+2+1＝10(通り)

⑦ できる組み合わせは，(1, 1), (1, 5), (1, 10), (1, 50), (5, 5), (5, 10), (5, 50), (10, 10), (10, 50), (50, 50) の１０通り。
この１０通りの組み合わせでできる金額はすべてちがうので，全部で１０通り。

⑧ (1)1gと2gと4gを組み合わせると，
1+2+4＝7(g)
(2)1g, 2g, 3g(1g+2g), 4g, 5g(1g+4g), 6g(2g+4g), 7g(1g+2g+4g), 8g, 9g(1g+8g), 10g(2g+8g), 11g(1g+2g+8g), 12g(4g+8g), 13g(1g+4g+8g), 14g(2g+4g+8g), 15g(1g+2g+4g+8g) の15通り。

● **21日 42～43ページ**
①57 ②3 ③3 ④1 ⑤6 ⑥4 ⑦3 ⑧2

1　(1)1班…20回，2班…20回

　　(2)1班…20回，2班…19.5回

　　(3)1班…20回，2班…17回

　　(4)1班…7回，2班…12回

2　中央値

3　最頻値

解 き 方

1　(1)1班…(17+17+18+18+18+19+19+
20+20+20+20+20+20+21+21+22+
23+23+24)÷19=20(回)

2班…(16+16+17+17+17+17+17+18
+19+19+20+21+22+22+22+22+23
+23+24+28)÷20=20(回)

(2)2班…記録の個数が偶数_{ぐうすう}なので，真ん中の2つ
の値の平均が中央値になります。大きさの順に
並べたとき，10番目と11番目にくる値は
19回と20回なので，中央値は
(19+20)÷2=19.5(回)

> **チェックポイント** 偶数個の資料の中央値は，大
> きさの順に並べたとき真ん中にくる2つの値
> をたして2でわって求めます。

(4)1班…24-17=7(回)
2班…28-16=12(回)

2　資料の真ん中の値と比べることで，自分の得点
が全体の中でどのあたりの位置にあるかを判断
できます。

3　いちばん多く売れたサイズのくつを，来年多め
に仕入れればよいと判断できます。

(3)(例)120gが最頻値なので，正しくない。

2　(1)イ　(2)イ

解 き 方

1　(2)重さの軽いほうから点・を数えると，5番目
は121g，6番目は122gです。よって中央値
は，(121+122)÷2=121.5(g)

(3)(120×3+121×2+122+123+124×2
+125)÷10=122(g) より，平均値は122g
ですが，ドットプロットでちらばりのようすを
見ると，120gがいちばん多く，その次に
121gと124gが多いことがわかります。こ
のように，資料によっては，データが集中して
いるところからずれたところに平均値が現れる
こともあります。

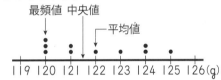

2　(1)最頻値は，点がいちばん高く積み上がった場
所に現れます。

(2)点は全部で35個あるので，中央値は，18個
目の点がある場所に現れます。

> **チェックポイント** (1)のアのように，ちらばり方
> が左右対称_{たいしょう}に近くなるほど，代表値は似た値_{あたい}に
> なります。

●**23日** 46〜47ページ

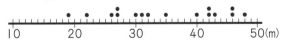

①4　②7　③16　④40　⑤50

1　(1)　　　　　通学にかかる時間

時間（分）	人数（人）
0以上〜 5未満	6
5 〜10	2
10 〜15	4
15 〜20	8
合　計	20

(2)15分以上20分未満

●**22日** 44〜45ページ

①4　②5　③5　④5　⑤132　⑥5.5

1　(1)

(2)121.5g

解答

2 6年生男子の体重

体重（kg）	人数（人）
32.0 以上〜 34.0 未満	2
34.0　〜 36.0	3
36.0　〜 38.0	4
38.0　〜 40.0	7
40.0　〜 42.0	4
42.0　〜 44.0	3
44.0　〜 46.0	2
合　計	25

3 (1)6　(2)8.5 秒以上 9.0 秒未満　(3)20%
　(4)9.0 秒以上 9.5 秒未満

解き方

1 (1)表に整理するときは,「正」の字を使うなど, もれや重なりがないよう注意します。

　(2)表より, 人数がいちばん多いのは 8 人の階級です。

2 どの階級も, はばは等しくします。

　34.0−32.0＝2.0(kg) より, 階級のはばはどれも2.0kgになるようにします。はばが決まったら, 数えまちがいのないように整理します。

3 (1)25−(5+7+4+3)＝6

　(2)人数がいちばん多いのは 7 人の階級です。

　(3)5÷25×100＝20(%)

　(4)13 番目の人が入っているのが 9.0 秒以上 9.5 秒未満の階級であることから, 中央値もこのはんいの値になっています。

● 24日 48 〜 49 ページ

北小屋の卵の重さ

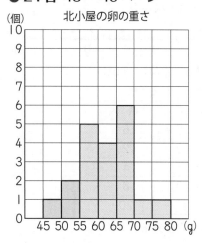

1

南小屋の卵の重さ

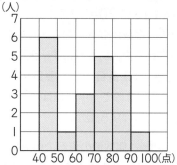

2 (1)　6年1組の算数のテストの結果

（人）

（グラフ）

　(2)1 組…40 点以上 50 点未満
　　2 組…50 点以上 60 点未満

　(3)6 年 1 組

　(4)⑦

解き方

2 (2)柱状グラフで, 縦の長さがもっとも長いもののはんいを答えます。

　(3)1 組で 70 点以上の人は,
　　5+4+1＝10(人)
　　2 組で 70 点以上の人は,
　　4+3+2＝9(人)

　(4)柱状グラフからは, 点数のはんいと人数は読み取れますが, 個人別の点数は読み取れません。

● 25日 50〜51 ページ

① 4.5点

② (1)

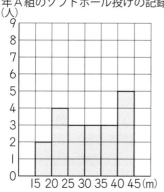

6年A組のソフトボール投げの記録

6年B組のソフトボール投げの記録

(2)A組…44m，B組…31m

(3)A組…31.5m，B組…29.5m

(4)A組…25m，B組…22m

(5)6年A組のソフトボール投げの記録

きょり（m）	人数（人）
15以上〜20未満	2
20 〜25	4
25 〜30	3
30 〜35	3
35 〜40	3
40 〜45	5
合 計	20

6年B組のソフトボール投げの記録

きょり（m）	人数（人）
15以上〜20未満	1
20 〜25	4
25 〜30	5
30 〜35	4
35 〜40	4
40 〜45	2
合 計	20

(6)6年A組のソフトボール投げの記録

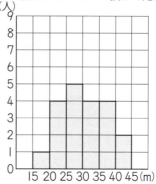

6年B組のソフトボール投げの記録

(7)A組…40m以上45m未満

B組…25m以上30m未満

(8)A組…15％，B組…25％

[解 き 方]

① 各点数と人数をかけて得点の合計を計算します。

0×3+1×2+2×3+3×2+4×1+5×2
+6×1+7×1+8×0+9×1+10×4=90（点）
よって，90÷20=4.5（点）

② (3)A組…（31+32）÷2=31.5（m）
B組…（28+31）÷2=29.5（m）

(4)A組…44−19=25（m）
B組…41−19=22（m）

(8)A組は，3÷20×100=15（％）
B組は，5÷20×100=25（％）

● 26日 52〜53 ページ

①110　②3300　③30

❶ (1)

歩いた時間（分）	0	1
まことさんが歩いた道のり（m）	0	40
お父さんが歩いた道のり（m）	0	80
2人の歩いた道のりの合計（m）	0	120

2	3	4	5
80	120	160	200
160	240	320	400
240	360	480	600

(2)12分後

❷ 18分後

❸ (1)分速110m　(2)320m　(3)19分後

解き方

1 (2)表から1分で2人の歩いた道のりの合計が120mずつ増えていることがわかるから、2人が出会うのは、1440÷120＝12(分後)

2 2700mはなれた2人が向かい合って進むと考えると、2人の速さの和は分速
70＋80＝150(m)より
2700÷150＝18(分後)

3 (1)1200÷8＝150(m)が2人の速さの和だから、兄の速さは150－40＝110(m)より分速110m。

(2)まなさんが分速40mで8分間歩いたので、2人が出会ったのは、家から
40×8＝320(m)の地点になります。

(3)15分間でまなさんは40×15＝600(m)進むので、残りの道のりは
1200－600＝600(m)
この道のりが1分間に150mずつ縮まるので、出会うのは600÷150＝4(分後)
まなさんが家を出発してから
15＋4＝19(分後)になります。

● **27日 54～55ページ**

①300 ②10 ③30

1 (1)600m (2)30分後

2 (1)9分後 (2)1800m

3 (1)りなさん…**分速90m**, ゆりさん…**分速80m**
(2)**72分後**

解き方

1 (1)まさみさんは分速60mで10分間歩いているから60×10＝600(m)進んでいます。

(2)2人の速さの差は80－60＝20(m)
2人の間の道のりは1分間に20mずつ縮まるから、600÷20＝30(分後)に姉はまさみさんに追いつきます。

2 (1)2人の速さの差は分速200－75＝125(m)で、2人の間の道のりは1125mだから、
1125÷125＝9(分後)

(2)追いついた地点まで弟は9分かかっているか

ら、200×9＝1800(m)

3 (1)りなさんは720÷8＝90(m)
ゆりさんは720÷9＝80(m)

(2)2人の速さの差は分速90－80＝10(m)で、2人は同じ向きに進んでいるから、2人の間は1分間に10mずつ離れていきます。
2人の間の道のりが池のまわりの道1周分720mになったときにりなさんは追いこすことになるので、
720÷10＝72(分後)

● **28日 56～57ページ**

①40 ②280 ③7 ④8

1 シュークリーム…4個, チーズケーキ…8個

2 15個入り…12箱, 24個入り…25箱

3 りんご…6個, もも…8個

4 (1)**396点** (2)**38問**

解き方

1 210円のシュークリームを12個買ったとすると210×12＝2520(円)だから、実際の代金との差は3640－2520＝1120(円)
下の表から、シュークリーム1個をチーズケーキ1個にかえると代金が
350－210＝140(円)増えるので、
チーズケーキの個数は1120÷140＝8(個)

シュークリームの数（個）	12	11
チーズケーキの数（個）	0	1
代金の合計	2520	2660

10	9	8
2	3	4
2800	2940	3080

シュークリームは12－8＝4(個)

2 もし15個入りの箱が37箱になったら
15×37＝555(個)のみかんになります。実際の個数との差が780－555＝225(個)で、箱に入れるみかんの個数の差が
24－15＝9(個)なので、
24個入りの箱は225÷9＝25(箱)になり、
15個入りは37－25＝12(箱)

3 5000円札を出したときのおつりが1160円

だから代金は 3840 円です。1 個 240 円の
りんごを 14 個買うと 3360 円になります。
実際の代金との差は
3840−3360=480（円）で，もも 1 個とり
んご 1 個の値段の差が
300−240=60（円）なので，ももの個数は
480÷60=8（個）
りんごは 14−8=6（個）

4 (1)42 問正解ならば 8 問まちがえています。
よって，点数は，
10×42−3×8=420−24=396（点）

(2)50 問すべて正解ならば 500 点になりますが，
実際には 344 点なので，差が
500−344=156（点）です。1 問まちがえる
と 10 点もらえない上に 3 点ひかれるので，1
問まちがえるごとに，10+3=13（点）減りま
す。よって，まちがえた問題数は
156÷13=12（問）になり，正解した問題数
は，50−12=38（問）

● **29 日 58 ～ 59 ページ**
① 30 ② 2 ③ 12
1 (1)だいすけさん… 3，さくらさん… 2 (2)6 日
2 7 分 30 秒
3 (1) 1 (2)20 日
4 10 分 30 秒

解 き 方
1 (1)だいすけさんの 1 日あたりの仕事の量は
30÷10= 3
さくらさんの 1 日あたりの仕事の量は
30÷15= 2

(2)だいすけさんとさくらさん 2 人でするとき，
1 日あたり 3 + 2 = 5 の仕事をすることがで
きるので，全部で 30÷ 5 =6（日）かかります。

2 12 と 20 の最小公倍数は 60 なので，水そう
の容積を 60 と考えます。1 分あたりに出る水
の量は A 管が 60÷12= 5 ，B 管が
60÷20= 3
A 管と B 管を同時に使うと 1 分間で

5 + 3 = 8 入るので，両方使うといっぱいに
するのにかかる時間は，60÷ 8 =7.5（分）
よって，7.5 分＝7 分 30 秒

3 (1) 60÷60= 1
(2)さとみさんとしんやさんの 2 人だと 1 日に
60÷15= 4 の仕事をすることができます。
しんやさん 1 人では 1 日に 4 − 1 = 3 の仕
事をすることができるので 60÷ 3 =20（日）
かかります。

4 24，35，40 の最小公倍数は 840 なので，
印刷する枚数を 840 と考えます。
1 分間に印刷できる枚数は，A は
840÷24= 35 ，B は 840÷35= 24 ，
C は 840÷40= 21
A，B，C の 3 台で同時に印刷すると 1 分間
で 35 + 24 + 21 = 80 印刷することができま
す。よって 3 台で印刷するのにかかる時間は
840÷ 80 =10.5（分）
よって，10.5 分＝10 分 30 秒

● **30 日 60 ～ 61 ページ**
① (1)12 分後 (2)108 分後
② (1)5 分 (2)7 分 30 秒
③ キウイ… 3 個，もも… 12 個
④ 6 個入り… 18 箱，10 個入り… 9 箱
⑤ (1)12 分 (2)15 分

解 き 方
① (1)2160m はなれた 2 人が向かい合って進む
と考えます。2 人の速さの和は分速
80+100=180（m）だから，
2 人が出会うのは
2160÷180=12（分後）

(2)2160m 先にいるまことさんを追いかけると
考えます。2 人は同じ向きに進むので，2 人の
速さの差は，分速 100−80=20（m）
よって，けいすけさんが追いこすのは
2160÷20=108（分後）

② (1)12 と 20 と 15 の最小公倍数は 60 なので，
印刷枚数を 60 として考えます。A，B，C は
それぞれ 1 分間に 60÷12= 5 ，

$\boxed{60}\div 20=\boxed{3}$, $\boxed{60}\div 15=\boxed{4}$ 印刷できます。A，B，C の 3 台で同時に印刷すると 1 分間で $\boxed{5}+\boxed{3}+\boxed{4}=\boxed{12}$ 印刷することができます。よって 3 台で印刷するのにかかる時間は，$\boxed{60}\div\boxed{12}=5$（分）

(2)A と B の 2 台では 1 分間に $\boxed{5}+\boxed{3}=\boxed{8}$ 印刷することができるので，印刷するのにかかる時間は $\boxed{60}\div\boxed{8}=7.5$（分） よって，7.5 分＝7 分 30 秒

❸ 15 個全部がキウイだとすると
180×15=2700（円）ですが，実際は
5000−1460=3540（円）なので差が
3540−2700=840（円）です。キウイ 1 個ともも 1 個の値段の差が
250−180=70（円）なので，ももの個数は
840÷70=12（個）
キウイは 15−12=3（個）

❹ 6 個入りの箱が 27 箱すべてならキャンディーは 162 個になりますが実際は
200−2=198（個）なので差が
198−162=36（個）
10 個入りと 6 個入りの差が 4 個なので，10 個入りは 36÷4=9（箱）になります。このことから 6 個入りは，27−9=18（箱）

❺ (1)28 と 21 の最小公倍数は 84 なので，水そうの容積を $\boxed{84}$ として考えます。A は 1 分間に $\boxed{84}\div 28=\boxed{3}$，B は 1 分間に $\boxed{84}\div 21=\boxed{4}$ 水を入れることができるので，A と B を同時に使うと 1 分間に $\boxed{3}+\boxed{4}=\boxed{7}$ 入れることができます。よって，$\boxed{84}\div\boxed{7}=12$（分）

(2)A 管と B 管で 8 分間水を入れるので $\boxed{7}\times 8=\boxed{56}$ 入ります。残り $\boxed{84}-\boxed{56}=\boxed{28}$ の水を B 管だけで入れると，1 分間で $\boxed{4}$ だから，$\boxed{28}\div\boxed{4}=7$（分）かかります。
よって，全部で 8+7=15（分）

● 進級テスト 62〜64 ページ

❶ (1)$y=\dfrac{2}{5}\times x$　(2)2.5 $\left(\dfrac{5}{2}, 2\dfrac{1}{2}\right)$

❷ 6 試合

❸ (1)60 通り　(2)24 通り

❹ ラーメン…3 人，チャーハン…4 人

❺ (1)6 分 40 秒　(2)14 分

❻ (1)15 本　(2)20 個

❼ (1)240cm³　(2)301.44cm³

❽ (1)けんさん…分速 100m，兄…分速 300m
(2)10 時 30 分　(3)3km

解き方

❶ (1)$y\div x=\dfrac{2}{5}$ だから，$y=\dfrac{2}{5}\times x$

(2)$x\times y=10$ なので y が 4 のとき，
$x=10\div 4=2.5$

❷ 組み合わせを数えると，
(A, B), (A, C), (A, D), (B, C), (B, D),
(C, D) の 6 試合になります。

❸ (1)百の位の数字が 1 のとき，123，124，125，132，134，135，142，143，145，152，153，154 の 12 通り。百の位の数字が 2，3，4，5 のときも同じように 12 通りあるから，12×5=60（通り）

(2)偶数は一の位が 2 か 4 のとき。一の位が 2 のとき，132，142，152，312，342，352，412，432，452，512，532，542 の 12 通り。一の位が 4 のときも同じように 12 通りあるから，12×2=24（通り）

❹ 7 人すべてチャーハンを食べたとすると，代金は，650×7=4550（円）
実際には 5150 円なので，差が
5150−4550=600（円）
チャーハンとラーメンの値段の差が
850−650=200（円）なので，ラーメンは，600÷200=3（人）になり，チャーハンは，7−3=4（人）になります。

❺ (1)水そうに入る水の量を 12 と 15 の最小公倍数 60 より $\boxed{60}$ とすると，1 分間に入れる水の量はそれぞれ，
A 管は $\boxed{60}\div 12=\boxed{5}$，
B 管は $\boxed{60}\div 15=\boxed{4}$ になります。

A管とB管を同時に使うと1分間に
$\boxed{5}+\boxed{4}=\boxed{9}$ の水を入れることができるので，
いっぱいにする時間は

$\boxed{60}÷\boxed{9}=\dfrac{20}{3}=6\dfrac{2}{3}$（分） となり，

6分40秒になります。

(2)はじめの4分はA管のみなので，$\boxed{5}×4=\boxed{20}$
の水が入り，残り $\boxed{60}-\boxed{20}=\boxed{40}$ の水をB管
だけで入れると，

$\boxed{40}÷\boxed{4}=10$（分）

よって全部で 4+10=14（分）かかります。

6 6つの点をA，B，C，D，E，Fとします。

(1)直線の数は6つの点から2つの点を選ぶ選び
方を考えます。2つの点の選び方は，
（A, B），（A, C），（A, D），（A, E），（A, F），
（B, C），（B, D），（B, E），（B, F），（C, D），
（C, E），（C, F），（D, E），（D, F），（E, F）
の15通りなので，直線の数は15本になりま
す。

(2)三角形をつくる3つの点を選ぶ選び方のうち，
Aを選ぶ選び方は，（A, B, C），（A, B, D），
（A, B, E），（A, B, F），（A, C, D），
（A, C, E），（A, C, F），（A, D, E），
（A, D, F），（A, E, F）の10通り。
Aを選ばず，Bを選ぶ選び方は，（B, C, D），
（B, C, E），（B, C, F），（B, D, E），
（B, D, F），（B, E, F）の6通り。
AもBも選ばず，Cを選ぶ選び方は，（C, D, E），

（C, D, F），（C, E, F）の3通り。
残りは（D, E, F）の1通りです。
全部で選び方は20通り。よって，三角形は
20個できます。

7 (1)底面が直角三角形の三角柱になるので，体積
は 6×8÷2×10=240（cm³）

(2)底面の半径が4cm，高さが6cmの円柱にな
るので，体積は
4×4×3.14×6=301.44（cm³）

8 (1)けんさんは60分で 6km=6000m 進んで
いるので，6000÷60=100（m）
より，分速100m。
兄は20分で 6km=6000m 進んでいるので，
6000÷20=300（m）
より，分速300m。

(2)グラフから兄が出発する前にけんさんは20分
歩いているので 100×20=2000（m）先に
います。2人の速さの差は分速
300-100=200（m）だから，兄がけんさん
を追いこすまでにかかる時間は
2000÷200=10（分）
10時20分から10分後なので答えは10時
30分になります。

(3)(2)のとき，けんさんは分速100mで30分歩
いているから北町から
100×30=3000（m），つまり3kmの地点
です。